Jacyelli Cardoso Marinho dos Santos

MECÂNICA
DOS FLUIDOS

Rua Clara Vendramin, 58 . Mossunguê . CEP 81200-170 . Curitiba . PR . Brasil
Fone: (41) 2106-4170
www.intersaberes.com
editora@intersaberes.com

Conselho editorial
Dr. Alexandre Coutinho Pagliarini
Drª Elena Godoy
Mª Maria Lúcia Prado Sabatella
Dr. Neri dos Santos

Editora-chefe
Lindsay Azambuja

Gerente editorial
Ariadne Nunes Wenger

Assistente editorial
Daniela Viroli Pereira Pinto

Edição de texto
Camila Rosa
Caroline Rabelo Gomes

Capa
Débora Gipiela (*design*)
Anusorn Nakdee/Shutterstock (imagem)

Projeto gráfico
Débora Gipiela (*design*)
Maxim Gaigul/Shutterstock (imagens)

Diagramação
Muse design

Equipe de *design*
Charles Leonardo da Sílva
Iná Trigo

Iconografia
Maria Elisa Sonda
Regina Claudia Cruz Prestes

Dados Internacionais de Catalogação na Publicação (CIP)
(Câmara Brasileira do Livro, SP, Brasil)

Santos, Jacyelli Cardoso Marinho dos
 Mecânica dos fluidos / Jacyelli Cardoso Marinho dos Santos. -- Curitiba :
Editora Intersaberes, 2023. -- (Série dinâmicas da física)

 Bibliografia.
 ISBN 978-65-5517-264-5

 1. Mecânica dos fluidos I. Título. II. Série.

21-90167   CDD-620.106

Índices para catálogo sistemático:
1. Mecânica dos fluidos : Engenharia   620.106

Cibele Maria Dias – Bibliotecária – CRB-8/9427

1ª edição, 2023.

Foi feito o depósito legal.

Informamos que é de inteira responsabilidade da autora
a emissão de conceitos.

Nenhuma parte desta publicação poderá ser reproduzida por qualquer
meio ou forma sem a prévia autorização da Editora InterSaberes.

A violação dos direitos autorais é crime estabelecido na Lei n. 9.610/1998
e punido pelo art. 184 do Código Penal.

Sumário

Apresentação 6
Como aproveitar ao máximo este livro 8

1. **Fluidos: definição, propriedades e classificações** 13
   1.1 Mecânica dos fluidos: importância e conceitos 15
   1.2 Propriedades dos fluidos 25
   1.3 Cavitação 51
   1.4 Propriedades dos fluidos: tensão superficial 55
   1.5 Classificação dos fluidos: fluido ideal e fluido incompressível 58

2. **Estática dos fluidos** 61
   2.1 Fluido em repouso 64
   2.2 Pressão 65
   2.3 Princípio de Pascal 73
   2.4 Carga de pressão 80
   2.5 Medidas de pressão 82

3. **Cinemática dos fluidos: tipos de escoamento e vazão** 102
   3.1 Cinemática dos fluidos: conceitos básicos 105
   3.2 Classificação do escoamento dos fluidos 114
   3.3 Vazão volumétrica 135
   3.4 Velocidade média na seção 138
   3.5 Vazão em massa 141

4 Equação da continuidade e equação de Bernoulli 146

4.1 Volume de controle e teorema de transporte de Reynolds 148
4.2 Conservação de massa, momento e energia 157
4.3 Equação da continuidade 162
4.4 Tipos de energia no escoamento do fluido: energia mecânica 174
4.5 Equação de Bernoulli 189

5 Equação geral da energia e introdução à perda de carga 199

5.1 Equação da energia 201
5.2 Potência e rendimento de uma máquina 208
5.3 Equação da energia para um fluido real 220
5.4 Cálculo de perda de carga 235
5.5 Classificação de perda de carga 243

6 Equação da quantidade de movimento, análise dimensional e cálculo de perda de carga 251

6.1 Equação da quantidade de movimento 253
6.2 Análise dimensional e semelhança 267
6.3 Grandezas 269
6.4 Perda de carga distribuída e localizada 277
6.5 Fórmula para cálculo da perda de carga distribuída 284
6.6 Perda de carga localizada 295

Estudo de caso 301
Considerações finais 307
Referências 308
Bibliografia comentada 312
Sobre a autora 314

Apresentação

A física é uma disciplina ampla e envolve diversos ramos, entre eles a mecânica dos fluidos, que trata do efeito de forças em fluidos. No entanto, é necessário considerar que, para planejar e desenvolver um livro, é necessário um complexo processo de tomada de decisão. Por essa razão, representa um posicionamento ideológico e filosófico diante dos temas abordados. A escolha de incluir determinada perspectiva implica a exclusão de outros assuntos igualmente importantes, em decorrência da impossibilidade de dar conta de todas as ramificações que um tópico pode apresentar.

Ao organizarmos este material, vimo-nos diante de uma infinidade de informações que gostaríamos de apresentar, mas foi necessário fazer escolhas, assumindo o compromisso de auxiliar o leitor na expansão dos conhecimentos sobre a mecânica dos fluidos.

Nesse contexto, a decisão foi introduzir a mecânica de fluidos, considerando que ela é uma das vertentes da mecânica aplicada que se concentra no estudo do comportamento de gases e líquidos (fluidos) em repouso ou em movimento.

Para esse fim, no Capítulo 1, tratamos dos conceitos básicos da mecânica dos fluidos, como propriedades, princípio da aderência, viscosidade, lei de Newton da viscosidade, fluidos newtonianos e não newtonianos

e ideais e incompressíveis. No Capítulo 2, enfocamos a estática dos fluidos, abordando temas como pressão, leis de Stevin e de Pascal, carga pesada, escalas de pressão e manometria. No Capítulo 3, adentramos na cinemática dos fluidos, estudando trajetória e linha de corrente, classificação do escoamento dos fluidos, experimento e número de Reynolds e vazões volumétrica e mássica. No Capítulo 4, discorremos sobre o volume de controle, trazendo o teorema de transporte de Reynolds, a conservação de massa, momento e energia, a equação da continuidade, os tipos de energia, o escoamento do fluido e a equação de Bernoulli. No Capítulo 5, descrevemos a equação da energia e, por fim, no Capítulo 6, trouxemos o estudo da equação da quantidade de movimento, enumerando uma análise dimensional, o teorema dos π's e o cálculo de carga localizada e distribuída.

Os seis capítulos que integram este livro reúnem contribuições da cognição/educação da informação, suas regras, estética e características, bem como equações relacionadas aos temas e estudos de casos.

Tendo elucidado alguns aspectos do ponto de vista epistemológico, é necessário esclarecer que o estilo de escrita adotado é influenciado pelas diretrizes da redação acadêmica.

A você, leitor, desejamos excelentes reflexões.

Como aproveitar ao máximo este livro

Empregamos nesta obra recursos que visam enriquecer seu aprendizado, facilitar a compreensão dos conteúdos e tornar a leitura mais dinâmica. Conheça a seguir cada uma dessas ferramentas e saiba como estão distribuídas no decorrer deste livro para bem aproveitá-las.

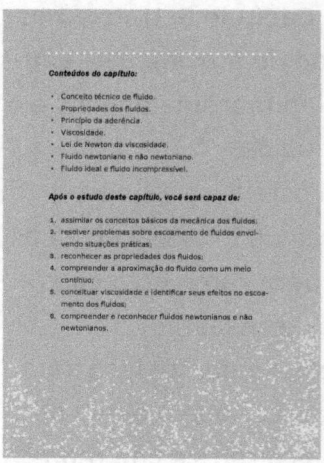

Conteúdos do capítulo:
Logo na abertura do capítulo, relacionamos os conteúdos que nele serão abordados.

Após o estudo deste capítulo, você será capaz de:
Antes de iniciarmos nossa abordagem, listamos as habilidades trabalhadas no capítulo e os conhecimentos que você assimilará no decorrer do texto.

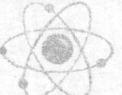

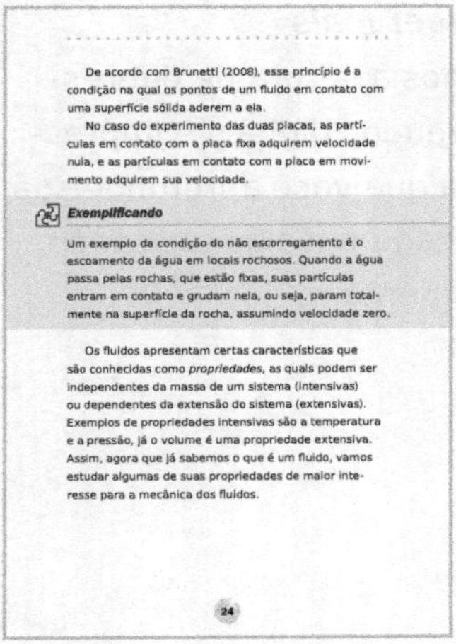
De acordo com Brunetti (2008), esse princípio é a condição na qual os pontos de um fluido em contato com uma superfície sólida aderem a ela.

No caso do experimento das duas placas, as partículas em contato com a placa fixa adquirem velocidade nula, e as partículas em contato com a placa em movimento adquirem sua velocidade.

Exemplificando

Um exemplo da condição do não escorregamento é o escoamento da água em locais rochosos. Quando a água passa pelas rochas, que estão fixas, suas partículas entram em contato e grudam nela, ou seja, param totalmente na superfície da rocha, assumindo velocidade zero.

Os fluidos apresentam certas características que são conhecidas como *propriedades*, as quais podem ser independentes da massa de um sistema (intensivas) ou dependentes da extensão do sistema (extensivas). Exemplos de propriedades intensivas são a temperatura e a pressão, já o volume é uma propriedade extensiva. Assim, agora que já sabemos o que é um fluido, vamos estudar algumas de suas propriedades de maior interesse para a mecânica dos fluidos.

24

Exemplificando

Disponibilizamos, nesta seção, exemplos para ilustrar conceitos e operações descritos ao longo do capítulo a fim de demonstrar como as noções de análise podem ser aplicadas.

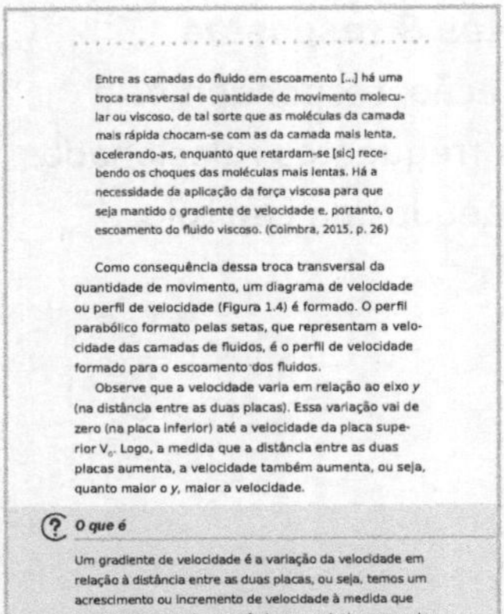
> Entre as camadas do fluido em escoamento [...] há uma troca transversal de quantidade de movimento molecular ou viscoso, de tal sorte que as moléculas da camada mais rápida chocam-se com as da camada mais lenta, acelerando-as, enquanto que retardam-se [sic] recebendo os choques das moléculas mais lentas. Há a necessidade da aplicação da força viscosa para que seja mantido o gradiente de velocidade e, portanto, o escoamento do fluido viscoso. (Coimbra, 2015, p. 26)

Como consequência dessa troca transversal da quantidade de movimento, um diagrama de velocidade ou perfil de velocidade (Figura 1.4) é formado. O perfil parabólico formato pelas setas, que representam a velocidade das camadas de fluidos, é o perfil de velocidade formado para o escoamento dos fluidos.

Observe que a velocidade varia em relação ao eixo y (na distância entre as duas placas). Essa variação vai de zero (na placa inferior) até a velocidade da placa superior V_0. Logo, a medida que a distância entre as duas placas aumenta, a velocidade também aumenta, ou seja, quanto maior o y, maior a velocidade.

O que é

Um gradiente de velocidade é a variação da velocidade em relação à distância entre as duas placas, ou seja, temos um acrescimento ou incremento de velocidade à medida que temos um incremento ou acréscimo em y. Assim, para cada variação de $y(\Delta y)$, temos uma variação de $v(\Delta v)$.

28

O que é?

Nesta seção, destacamos definições e conceitos elementares para a compreensão dos tópicos do capítulo.

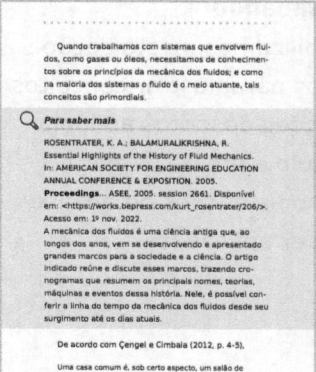

Para saber mais
Sugerimos a leitura de diferentes conteúdos digitais e impressos para que você aprofunde sua aprendizagem e siga buscando conhecimento.

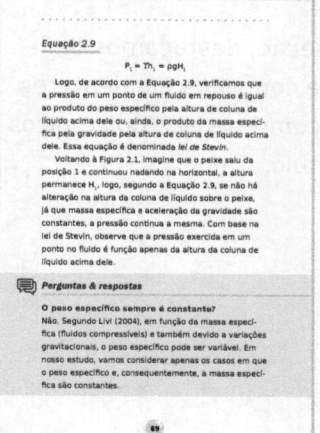

Perguntas & respostas
Nesta seção, respondemos a dúvidas frequentes relacionadas aos conteúdos do capítulo.

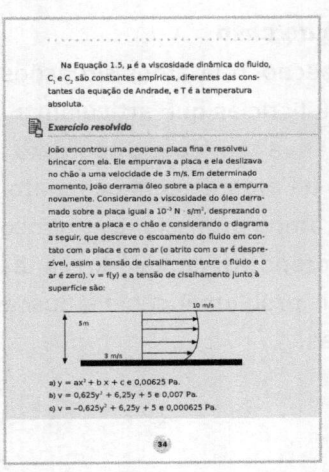

Exercício resolvido

Nesta seção, você acompanhará passo a passo a resolução de alguns problemas complexos que envolvem os assuntos trabalhados no capítulo.

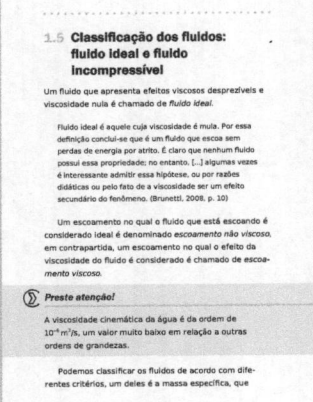

Preste atenção!

Apresentamos informações complementares a respeito do assunto que está sendo tratado.

Estudo de caso

O presente estudo de caso aborda um problema de dimensionamento de bombas para certo sistema. Por meio dele, poderemos notar que assuntos como perda de carga, vazão, material de tubulação são abordados em conjunto, bem como verificar que, na prática, o uso de equações difere da teoria, apresentando tabelas e fatores de correção que facilitam os cálculos práticos de projetos.

Devido à escassez de água na região onde Rodrigo habita, ele decide construir uma caixa-d'água na parte superior de sua casa, objetivando armazenar água ao longo dos meses.

No entanto, como não chega água encanada regularmente, a caixa não permaneceria cheia o suficiente até a próxima demanda. Procurando outra solução, Rodrigo decide fazer também um poço próximo a sua localidade.

Para facilitar, ele decide, ainda, construir um sistema de abastecimento que o permitisse transportar a água do poço até sua caixa-d'água. Ao fazer o levantamento dos materiais necessários, ele verifica que precisa de uma bomba e que uma tubulação de 20 metros já é suficiente.

Chegando à loja para comprar a bomba, Rodrigo informa seu objetivo ao atendente e lhe pede ajuda para selecionar o equipamento mais adequado.

Estudo de caso

Nesta seção, relatamos situações reais ou fictícias que articulam a perspectiva teórica e o contexto prático da área de conhecimento ou do campo profissional em foco com o propósito de levá-lo a analisar tais problemáticas e a buscar soluções.

Fluidos: definição, propriedades e classificações

1

Conteúdos do capítulo:

- Conceito técnico de fluido.
- Propriedades dos fluidos.
- Princípio da aderência.
- Viscosidade.
- Lei de Newton da viscosidade.
- Fluido newtoniano e não newtoniano.
- Fluido ideal e fluido incompressível.

Após o estudo deste capítulo, você será capaz de:

1. assimilar os conceitos básicos da mecânica dos fluidos;
2. resolver problemas sobre escoamento de fluidos envolvendo situações práticas;
3. reconhecer as propriedades dos fluidos;
4. compreender a aproximação do fluido como um meio contínuo;
5. conceituar viscosidade e identificar seus efeitos no escoamento dos fluidos;
6. compreender e reconhecer fluidos newtonianos e não newtonianos.

A mecânica dos fluidos é uma das vertentes da mecânica aplicada que trata do comportamento de gases e líquidos (fluidos) em repouso ou em movimento.

Estudar os fluidos, de modo a compreender suas propriedades e seus comportamentos, é fundamental, uma vez que eles estão constantemente presentes em nosso cotidiano – por exemplo, ao levantarmos pela manhã e lavarmos o rosto, ficamos diante de uma situação de escoamento de um fluido, nesse caso, a água; nosso próprio corpo é um exemplo de aplicação da mecânica dos fluidos, pois o coração funciona como uma bomba que transporta sangue para todo o corpo e os pulmões como áreas de escoamento de ar (Çengel; Cimbala, 2012); enfim, são raras as situações em nossas vidas que não envolvem líquidos e/ou gases.

A mecânica dos fluidos também é base para projetos de embarcações, motores, pontes etc. e utilizada na meteorologia e em tantas outras áreas e sistemas que envolvem fluidos, sendo uma ciência que conta com ilimitadas aplicações, desde sistemas biológicos microscópicos até diversas áreas da engenharia.

Desse modo, neste capítulo, trataremos do conceito, do comportamento e das propriedades dos fluidos.

1.1 Mecânica dos fluidos: importância e conceitos

A mecânica dos fluidos é a ciência que estuda os fluidos em movimento ou em repouso e as leis que os regem.

Quando trabalhamos com sistemas que envolvem fluidos, como gases ou óleos, necessitamos de conhecimentos sobre os princípios da mecânica dos fluidos; e como na maioria dos sistemas o fluido é o meio atuante, tais conceitos são primordiais.

Para saber mais

ROSENTRATER, K. A.; BALAMURALIKRISHNA, R. Essential Highlights of the History of Fluid Mechanics. In: AMERICAN SOCIETY FOR ENGINEERING EDUCATION ANNUAL CONFERENCE & EXPOSITION. 2005.
Proceedings... ASEE, 2005. session 2661. Disponível em: <https://works.bepress.com/kurt_rosentrater/206/>. Acesso em: 1º nov. 2022.
A mecânica dos fluidos é uma ciência antiga que, ao longos dos anos, vem se desenvolvendo e apresentado grandes marcos para a sociedade e a ciência. O artigo indicado reúne e discute esses marcos, trazendo cronogramas que resumem os principais nomes, teorias, máquinas e eventos dessa história. Nele, é possível conferir a linha do tempo da mecânica dos fluidos desde seu surgimento até os dias atuais.

De acordo com Çengel e Cimbala (2012, p. 4-5),

Uma casa comum é, sob certo aspecto, um salão de exposições repleto de aplicações da mecânica dos fluidos. Os sistemas de canalização de água fria, gás natural e esgoto para residências individuais e para uma cidade inteira são projetados primariamente com base na mecânica dos fluidos. [...] Até mesmo a operação de uma simples torneira é baseada na mecânica dos fluidos.

Podemos também observar numerosas aplicações da mecânica dos fluidos num automóvel [...].

Em escala mais ampla, a mecânica dos fluidos desempenha um papel principal no projeto e análise de aeronaves, embarcações, submarinos, foguetes, motores a jato, turbinas eólicas, dispositivos biomédicos, refrigeração de componentes eletrônicos e transporte de água, óleo cru e gás natural. É também considerada no projeto de edificações, pontes e até mesmo em cartazes para garantir que as estruturas resistam à força do vento. Diversos fenômenos naturais [...] também são governados pelos princípios da mecânica dos fluidos.

Considerando a importância da mecânica dos fluidos nas mais diversas áreas e sistemas que os envolvem, vamos, agora, tratar de importantes definições e conceitos relacionados a ela.

Ao estudarmos física, aprendemos que a matéria tem três estados fundamentais: (1) sólido, (2) líquido e (3) gasoso. Com isso em mente, vamos, inicialmente, entender o que é um fluido, diferenciando-o de um sólido e nos baseando nos estados da matéria.

O estado da matéria é determinado pelo arranjo e a interação moleculares. Uma substância no estado sólido tem moléculas arranjadas de forma padrão e fixa, pois a distância entre elas é pequena e as forças atrativas são maiores; o arranjo das moléculas de uma substância líquida não é muito diferente, mas elas não ficam em uma posição fixa, movimentando-se aleatoriamente; já no estado gasoso, não existe uma ordem molecular e a distância entre as moléculas é consideravelmente maior, sendo as forças intermoleculares muito pequenas (Çengel; Cimbala, 2012).

De maneira geral e simplista, podemos definir os três estados da matéria da seguinte forma: um sólido tem forma e volume definidos; um líquido tem volume definido e toma a forma do recipiente que o contém; e um gás não tem forma nem volume definidos.

Note que podemos diferenciar facilmente substâncias sólidas de substâncias líquidas e gasosas porque, ao contrário destas, que apresentam forma variável e são moles, aquelas são bem definidas e duras. Desse modo, líquidos e gases são chamados de *fluidos*.

Até aqui, aprendemos a diferenciar um sólido de um fluido, mas a definição de fluido vai além do conceito de estado físico, uma vez que diz respeito à capacidade de uma substância de resistir ou não a uma força tangencial aplicada. Assim, para definir fluido, recorreremos ao experimento das duas placas.

Imagine a seguinte situação: uma substância sólida fixa entre duas placas, sendo a placa inferior e a superior móvel. Para melhor compreensão, imagine um cubo sólido no chão e acima dele uma placa de alumínio. Suponha que a placa de alumínio seja empurrada e comece a se mover, ou seja, sofra uma força de cisalhamento. O sólido começará a se deformar e, em um certo momento, adquirirá um novo equilíbrio, mas quando essa força parar de ser aplicada, ele voltará à posição original. Observe a Figura 1.1 que representa essa situação.

Figura 1.1 – Tensão de cisalhamento agindo sobre um sólido

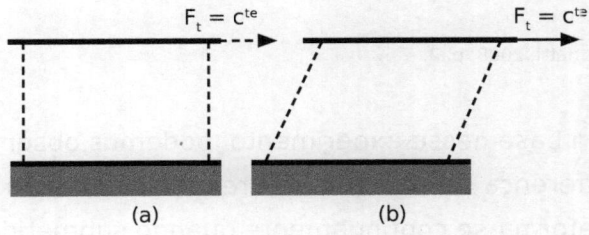

Fonte: Brunetti, 2008, p. 2.

Agora, vamos imaginar a mesma situação com um fluido, ou seja, ele entre duas placas paralelas e planas, como uma piscina com uma prancha em cima – nesse caso, a prancha é a placa móvel, e o chão da piscina, a placa fixa.

Quando a força cisalhante, mesmo que pequena, é aplicada na prancha, o fluido começa a se deformar continuamente. Em nosso exemplo, qualquer pequena perturbação na prancha causaria deformação na água da piscina, mas se essa força deixasse de ser aplicada, o fluido não retornaria a sua forma original. Confira a Figura 1.2 que ilustra essa situação.

Figura 1.2 – Tensão de cisalhamento agindo sobre um fluido

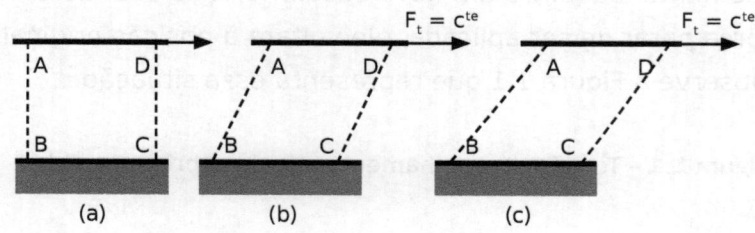

(a)   (b)   (c)

Fonte: Brunetti, 2008, p. 2.

Com base nesse experimento, podemos observar uma diferença fundamental entre um sólido e um fluido: este deforma-se continuamente quando submetido a uma força cisalhante (ou tangencial), independentemente da intensidade dela; já o mesmo não ocorre com um sólido. Além disso, quando a força tangencial cessa, o sólido retorna a sua forma original, o que não ocorre com o fluido.

Portanto, podemos definir *fluido* como uma substância que não resiste a uma tensão de cisalhamento e, quando submetida a ela, independentemente da intensidade, deforma-se continuamente. Em síntese, é uma substância que escoa quando uma força tangencial, por menor que seja, é aplicada nela.

> A definição de fluido é feita baseando-se em seu comportamento sob a ação de um esforço tangencial. Fluido é uma substância que se deforma continuamente, sob a ação de esforços tangenciais constantes. Em geral, enquadram-se nesta definição as substâncias líquidas e gasosas. Os sólidos não são fluidos, pois a deformação sofrida por eles é limitada e estável. (Francisco, 2018, p. 10-11)

Também podemos definir *fluido* como um meio contínuo. Segundo Livi (2004, p. 1),

> A matéria tem estrutura molecular [...]. O número de moléculas normalmente existentes em um volume macroscópico é enorme. [...] Com esse número tão grande de partículas é praticamente impossível a descrição do comportamento macroscópico da matéria, como, por exemplo, o estudo do escoamento de um fluido, a partir do movimento individual de suas moléculas.

Quando definimos fluido como um contínuo, consideramos que as moléculas, do ponto de vista macroscópio, são tão pequenas que podemos pensar nelas como um meio só, ou seja, um meio contínuo. Portanto, por mais que existam espaços entre as moléculas, elas não apresentam um comportamento individualizado, mas sim um comportamento geral de partículas em determinada região, fato que torna possível adotarmos a hipótese do contínuo. Nesse contexto, não precisamos nos preocupar com as características individuais de cada molécula, mas sim com as características médias dessas moléculas em determinada região.

 Exemplificando

Ao afirmarmos que um copo de água tem densidade constante, significa que cada ponto desse fluido tem a mesma densidade; porém, se ampliarmos o meio e o olharmos internamente, isto é, se pudermos visualizar as moléculas e seu arranjo, encontraremos vazios, mesmo que, macroscopicamente, o copo de água pareça todo preenchido. No entanto, ele é um meio contínuo porque desconsideramos os vazios entres as moléculas e tomamos como referência a densidade média de todas as moléculas que compõem esse fluido.

A hipótese do contínuo nos permite assumir que as propriedades das partículas não são individuais, mas fazem parte de um meio. Assim, adotamos as características das moléculas de um fluido como um comportamento macroscópico, considerando a propriedade do meio contínuo. Contudo, essa hipótese não é válida para todas as situações, em alguns casos específicos, a hipótese do contínuo pode ser errônea.

O conceito de um contínuo é a base da mecânica dos fluidos clássica. A hipótese do contínuo é válida no tratamento do comportamento dos fluidos sob condições normais. Ela falha, no entanto, somente quando a trajetória média livre das moléculas torna-se da mesma ordem de grandeza da menor dimensão característica significativa do problema. Isso ocorre em casos específicos, como no escoamento de um gás rarefeito (como encontrado, por exemplo, em voos nas camadas superiores da atmosfera). Nesses casos específicos [...], devemos abandonar o conceito de contínuo em favor dos pontos de vista microscópico e estatístico. (Fox; Pritchard; McDonald, 2010, p. 20)

Em casos específicos como os citados, o fluido não apresenta um número suficiente de partículas para que seja possível considerar as propriedades médias de suas partículas.

Em síntese, o contínuo é um modelo que permite estudar o comportamento macroscópico da matéria considerando sua distribuição uniforme. Vale salientar que esse modelo tem validade apenas para situações nas quais existe grande número de partículas (Livi, 2004).

Do experimento das duas placas utilizado para definir fluido, podemos observar o comportamento do fluido quando a placa superior entra em movimento. As partículas do fluido em contato com a superfície das placas aderem a ela, motivo pelo qual tais partículas adquirem a mesma velocidade da superfície à qual estão em contato – esse comportamento é denominado *princípio da aderência* ou *condição do não escorregamento*.

De acordo com Brunetti (2008), esse princípio é a condição na qual os pontos de um fluido em contato com uma superfície sólida aderem a ela.

No caso do experimento das duas placas, as partículas em contato com a placa fixa adquirem velocidade nula, e as partículas em contato com a placa em movimento adquirem sua velocidade.

 Exemplificando

Um exemplo da condição do não escorregamento é o escoamento da água em locais rochosos. Quando a água passa pelas rochas, que estão fixas, suas partículas entram em contato e grudam nela, ou seja, param totalmente na superfície da rocha, assumindo velocidade zero.

Os fluidos apresentam certas características que são conhecidas como *propriedades*, as quais podem ser independentes da massa de um sistema (intensivas) ou dependentes da extensão do sistema (extensivas). Exemplos de propriedades intensivas são a temperatura e a pressão, já o volume é uma propriedade extensiva. Assim, agora que já sabemos o que é um fluido, vamos estudar algumas de suas propriedades de maior interesse para a mecânica dos fluidos.

1.2 Propriedades dos fluidos

Uma das propriedades mais importantes dos fluidos é a viscosidade, mas antes de defini-la vamos entender o que é a força tangencial ou tensão de cisalhamento tão mencionada quando tratamos do experimento das duas placas.

Sabemos que tensão é a razão entre força e área e ela pode ser normal ou tangencial. Ao aplicarmos força em uma superfície, essa força pode ser decomposta em normal e tangencial à área aplicada, como podemos observar na Figura 1.3.

Figura 1.3 – Força que atua em uma área e suas componentes

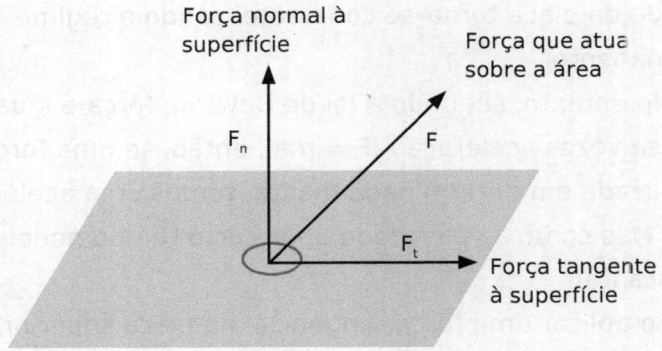

A tensão normal é a força que atua perpendicularmente à área, já a tensão de cisalhamento é a intensidade da força que atua tangente à área (Hibbeler, 2004).

Desse modo, a tensão de cisalhamento é a razão entre a força tangencial e a área, como mostra a Equação 1.1.

Equação 1.1

$$\tau = \frac{F_t}{A}$$

Na Equação 1.1, δ é a tensão de cisalhamento, F_t, a componente tangencial da força, e A, a área sobre a qual a componente tangencial da força está atuando.

Vamos voltar ao experimento das duas placas e fazer mais algumas observações. Quando a tesão de cisalhamento é aplicada na placa superior, esta começa a se movimentar na direção *x* e, após certo tempo, a velocidade da placa torna-se constante, sendo o regime permanente.

No entanto, segundo a lei de Newton, força é igual a massa vezes aceleração (F = ma), então, se uma força é aplicada em determinada massa, temos uma aceleração. Mas como a velocidade após certo tempo pode ser constante?

Ao aplicar uma força tangencial na placa superior, esta entra em movimento, assim como as partículas do fluido que estão em contato com ela devido o princípio da aderência. Entre as camadas do próprio fluido, temos o chamado *deslizamento*, ilustrado na Figura 1.4.

Figura 1.4 – Atrito entra as camadas internas do fluido

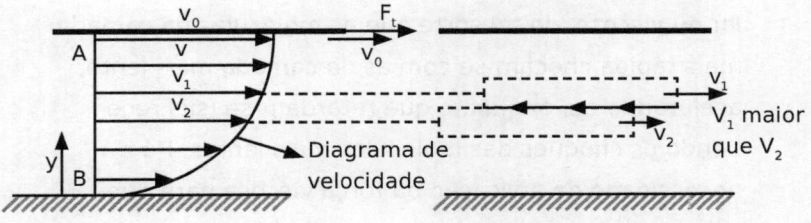

Fonte: Brunetti, 2008, p. 4.

É como se o movimento do fluido fosse constituído de lâminas paralelas que deslizam em relação às outras (Livi, 2004). Como consequência do deslizamento entre as camadas do próprio fluido, cria-se um atrito interno que gera várias pequenas tensões de cisalhamento, o somatório dessas tensões anula a força tangencial que é aplicada à placa, tornando a velocidade nela constante, de modo que acontece um equilíbrio dinâmico, no qual o somatório das forças é igual a zero.

É possível observar também que as partículas aderidas à superfície da placa móvel se movem com velocidade igual a ela e empurram as camadas do fluido ligadas a elas, essas camadas começam também a se mover, mas com velocidade menor que a camada de fluido ligada à placa móvel, isso ocorre sucessivamente nas demais camadas do fluido até chegar à velocidade zero na placa fixa.

Entre as camadas do fluido em escoamento [...] há uma troca transversal de quantidade de movimento molecular ou viscoso, de tal sorte que as moléculas da camada mais rápida chocam-se com as da camada mais lenta, acelerando-as, enquanto que retardam-se [sic] recebendo os choques das moléculas mais lentas. Há a necessidade da aplicação da força viscosa para que seja mantido o gradiente de velocidade e, portanto, o escoamento do fluido viscoso. (Coimbra, 2015, p. 26)

Como consequência dessa troca transversal da quantidade de movimento, um diagrama de velocidade ou perfil de velocidade (Figura 1.4) é formado. O perfil parabólico formato pelas setas, que representam a velocidade das camadas de fluidos, é o perfil de velocidade formado para o escoamento dos fluidos.

Observe que a velocidade varia em relação ao eixo y (na distância entre as duas placas). Essa variação vai de zero (na placa inferior) até a velocidade da placa superior V_0. Logo, a medida que a distância entre as duas placas aumenta, a velocidade também aumenta, ou seja, quanto maior o y, maior a velocidade.

O que é

Um gradiente de velocidade é a variação da velocidade em relação à distância entre as duas placas, ou seja, temos um acrescimento ou incremento de velocidade à medida que temos um incremento ou acréscimo em y. Assim, para cada variação de y(Δy), temos uma variação de v(Δv).

Newton observou que, para muitos fluidos, a tensão de cisalhamento é proporcional ao incremento de velocidade, ou seja:

Equação 1.2

$$\tau \alpha \frac{dv}{dy}$$

Na Equação 1.2, δ é a tensão de cisalhamento, e dv/dy, o gradiente de velocidade. Essa proporcionalidade é denominada *lei de Newton da viscosidade*. Essa proporcionalidade é empírica, por isso, não deveria ser chamada de lei, mesmo mostrando-se eficaz para o escoamento de fluidos cujo peso molecular é menor que aproximadamente 5.000.

Com base na lei de Newton da viscosidade, podemos definir outra propriedade do fluido: a viscosidade absoluta ou viscosidade dinâmica:

Equação 1.3

$$\tau = \mu \frac{dv}{dy}$$

A lei de Newton da viscosidade enuncia que a tensão de cisalhamento é igual a viscosidade dinâmica do fluido vezes o gradiente de velocidade. Da Equação 1.3 podemos facilmente concluir que um fluido mais viscoso, ou seja, com uma viscosidade dinâmica maior, necessita de maior tensão para um mesmo gradiente de velocidade em comparação com um fluido de menor viscosidade.

De acordo com Brown et al. (2005), a viscosidade é uma resistência que o fluido apresenta ao deslocamento relativo de partículas. Ela é a propriedade do fluido associada à aderência interna e à facilidade que o fluido tem ou não de escoar, isto é, quanto mais viscoso o fluido, maior sua dificuldade de escoar.

Sucintamente, podemos nos referir à viscosidade como a propriedade do fluido associada ao atrito interno entra suas moléculas. Ela é ocasionada pelas forças e interações intermoleculares – quanto mais fortes essas interações, maior a viscosidade, e quanto maior a viscosidade, maior a tensão, ou seja, maior o atrito entre as camadas do fluido. Portanto, fluidos mais viscosos tem maior dificuldade de escoar em relação a fluidos menos viscosos.

Por meio da lei de Newton da viscosidade, podemos ainda observar que a viscosidade está associada à maneira como se comporta o gradiente de velocidade do fluido à medida que ele é submetido a uma tensão de cisalhamento. A unidade da viscosidade no sistema internacional de unidades é o $N \cdot s/m^2$.

Como já mencionado, a viscosidade é uma consequência das interações intermoleculares, e sabemos que essas interações nos líquidos são maiores do que nos gases, uma vez que, nestes, as moléculas são mais espessas, o que nos permite concluir que a viscosidade nos líquidos é maior que a viscosidade nos gases.

Dois fatores podem influenciar na viscosidade de um fluido: (1) temperatura e (2) pressão. A influência da pressão é pequena quando comparada à da temperatura. De acordo com Çengel e Cimbala (2012), nos líquidos, a viscosidade é independente da variação de pressão, exceto quando ela é extremamente alta. O mesmo pode ser mencionado sobre a influência da variação da pressão para os gases em situações de pressões baixas e moderadas.

As condições e as variações de temperatura dos fluidos, diferentemente da pressão, afetam de forma significativa a viscosidade dos fluidos, tanto para líquidos quanto para gases.

> a resistência oferecida por um fluido à ação de uma força tangencial depende de dois fatores: de sua coesão e da taxa de transferência de quantidade de movimento molecular. As forças de coesão são mais fortes nos líquidos do que nos gases e, como essas forças diminuem com o aumento da temperatura, a viscosidade de líquidos acompanha a variação. Nos gases, por outro lado, as forças de atração são menores, predominando a resistência ao cisalhamento devido à transferência de quantidade de movimento molecular, que aumenta com o aumento de temperatura. Deste modo, para os gases há um aumento da viscosidade com o aumento da temperatura. (Coimbra, 2015, p. 7)

Exemplificando

Podemos verificar a influência da temperatura na viscosidade dos líquidos no óleo de cozinha, por exemplo. Ao despejá-lo em uma panela, notamos que seu escoamento é lento devido ao atrito interno, ou seja, sua viscosidade, mas, ao ligarmos o fogo e aquecê-lo, percebemos que ele escoa com mais facilidade e rapidez, isso ocorre em razão do decaimento de sua viscosidade em consequência de seu aquecimento.

A Figura 1.5 apresenta um gráfico que descreve o comportamento da viscosidade dos líquidos e dos gases em função da variação da temperatura.

Figura 1.5 – Influência da temperatura na viscosidade dos gases e líquidos

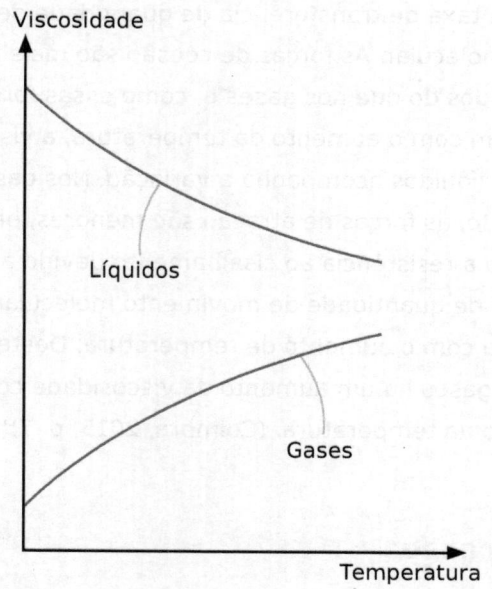

Fonte: Çengel; Cimbala, 2012, p. 43.

Diante das considerações feitas a respeito da influência da temperatura na viscosidade de gases e líquidos e com base no gráfico apresentado na Figura 1.5, podemos verificar que, para líquidos, a viscosidade diminui com o aumento da temperatura e, para gases, a viscosidade aumenta com aumento da temperatura.

Duas equações empíricas permitem estimar o efeito da temperatura na viscosidade: para os líquidos, temos a equação de Andrade (Equação 1.4); para os gases, a equação de Sutherland (Equação 1.5) (Munson et al., 2012).

A equação de Andrade permite estimar a viscosidade de líquidos em diferentes temperaturas:

Equação 1.4

$$\mu = C_1 e^{\frac{C_2}{T}} = C_1 \exp\left(\frac{C_2}{T}\right)$$

Na equação de Andrade, μ é a viscosidade dinâmica do fluido, C_1 e C_2 são constantes empíricas e T é a temperatura absoluta.

Podemos observar a equação de Sutherland na Equação 1.5, assim como a equação de Andrade para os líquidos, ela permite estimar a viscosidade em diferentes temperaturas para gases.

Equação 1.5

$$\mu = \frac{C_1 T^{\frac{3}{2}}}{T + C_2}$$

Na Equação 1.5, µ é a viscosidade dinâmica do fluido, C_1 e C_2 são constantes empíricas, diferentes das constantes da equação de Andrade, e T é a temperatura absoluta.

Exercício resolvido

João encontrou uma pequena placa fina e resolveu brincar com ela. Ele empurrava a placa e ela deslizava no chão a uma velocidade de 3 m/s. Em determinado momento, João derrama óleo sobre a placa e a empurra novamente. Considerando a viscosidade do óleo derramado sobre a placa igual a 10^{-3} N · s/m², desprezando o atrito entre a placa e o chão e considerando o diagrama a seguir, que descreve o escoamento do fluido em contato com a placa e com o ar (o atrito com o ar é desprezível, assim a tensão de cisalhamento entre o fluido e o ar é zero). v = f(y) e a tensão de cisalhamento junto à superfície são:

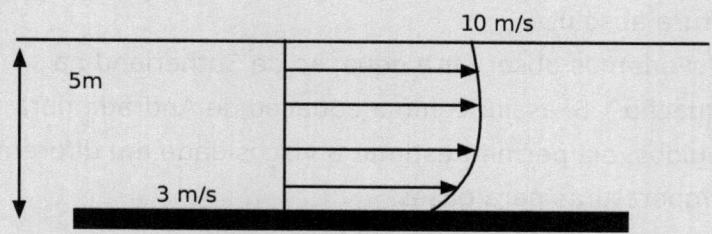

a) $y = ax^2 + bx + c$ e 0,00625 Pa.
b) $v = 0,625y^2 + 6,25y + 5$ e 0,007 Pa.
c) $v = -0,625y^2 + 6,25y + 5$ e 0,000625 Pa.

d) $v = -0,625y^2 + 6,25y + 5$ e $0,00625$ Pa.

e) $V = ay^2 + by + c$ e $0,00625$ Pa.

Gabarito: d

Resolução: Inicialmente, precisamos descobrir a velocidade em função de *y*. Note que no diagrama o perfil de velocidade é parabólico; logo, $F = v(y)$ é a equação de uma parábola:

$$y = ax^2 + bx + c$$

Assim, a função de velocidade terá o seguinte formato:

$$V = ay^2 + by + c$$

Para determinar $V = f(y)$, precisamos definir *a*, *b* e *c*. Para tanto, utilizaremos condições do escoamento já conhecidas, chamadas de *condição de contorno*. Se temos três incógnitas, precisamos de três condições de contorno.

Primeira condição de contorno: Note que a superfície se move com velocidade igual a 3 m/s; assim, as partículas do fluido junto a ela, devido ao princípio da aderência, movem-se igualmente com uma velocidade de 3m/s. Nessa condição, *y* é igual a zero, pois o fluido está junto à placa, logo, quando *y* é igual a 0, a velocidade é igual a 5 m/s. Substituímos, então, *v* e *y* por 5 e 0, respectivamente, na equação $V = ay^2 + by + c$:

$$5 = a0^2 + b0 + c$$

Como $C = 5$, encontramos o valor de C. Então, nossa função de velocidade agora é

$$V = ay^2 + by + 5$$

Segunda condição de contorno: Note que na distância máxima entre a superfície e o ar, ou seja, quando y = 5 m, a velocidade é 10 m/s. Substituindo os valores de *v* e *y*, para a condição de contorno dois em $V = ay^2 + by + 5$, obtemos:

$$10 = a(5)^2 + b(5) + 5$$

Passando o 5 para o primeiro membro e resolvendo 5^2, obtemos:

$$10 - 5 = 25a + 5b$$
$$5 = 25a + 5b$$

Encontramos uma equação com duas incógnitas e necessitamos de outra equação para encontrar *a* e *b*.

Terceira condição de contorno: O exercício nos informa que, na distância máxima, y = 5m, o atrito do fluido com o ar é desprezado e a tensão de cisalhamento é zero, devemos lembrar que, se não há tensão de cisalhamento, também não há gradiente de velocidade, assim $\frac{dv}{dy} = 0$. Para obter $\frac{dv}{dy}$, derivamos $V = ay^2 + by + 5$:

$$\frac{dv}{dy} = 2ay + b$$

De acordo com a terceira condição de contorno $\frac{dv}{dy} = 0$ e y = 5m, logo:

$$2a4 + b, \text{ então } 10a + b = 0$$

Temos agora duas equações e duas incógnitas:

$$5 = 25a + 5b$$
$$10a + b = 0$$

Resolvendo o sistema de equações, encontramos o valor de a e b: $-\frac{5}{8}$ e $\frac{25}{4}$, respectivamente.

Logo, V = F(y) é:

$$v = -\frac{5}{8}y^2 + \frac{25}{4}y + 5 \text{ ou } v = -0,625y^2 + 6,25y + 5$$

Agora, vamos determinar a tensão de cisalhamento junto à superfície. Para isso, vamos utilizar a lei de Newton da viscosidade:

$$\tau = \mu \frac{dv}{dy}$$

Incialmente vamos determinar $\frac{dv}{dy}$, que é a derivada de $v = -0,625y^2 + 6,25y + 5$ em relação a y:

$$\frac{dv}{dy} = -1,25y + 6,25$$

Logo, a tensão de cisalhamento é:

$$\tau = \mu(=-1,25y + 6,25)$$

Foi nos fornecida a viscosidade dinâmica do fluido: 10^{-3} N · s/m², então:

$$\tau = 10^{-3}(=-1,25y + 6,25)$$

Queremos determinar a tensão de cisalhamento junto à placa e nessa condição y é igual a zero, então:

$$\tau = 10^{-3}(-1,25(0) + 6,25) = 10^{-3}(6,25) = 0,00625 \text{ Pa}$$

Existe um caso em particular que a equação de Newton da viscosidade pode ser simplificada. Para os casos nos quais a espessura ou a distância entre as duas placas é muito pequena, o perfil de velocidade, que é parabólico, pode ser considerado linear. Confira a Equação 1.6:

Equação 1.6

$$\tau = \mu \frac{V_0}{\varepsilon}$$

Nessas condições, a lei de Newton da viscosidade é igual a viscosidade dinâmica vezes a velocidade da placa em movimento divida pela espessura entre as duas placas, essa simplificação facilita alguns problemas que poderiam recair em integrais de alto nível de dificuldade.

Na mecânica dos fluidos, em muitas análises, a viscosidade dinâmica aparece combinada com a densidade, caso em que definimos uma nova propriedade do fluido denominada *viscosidade cinemática*.

Recorrentemente em equações da mecânica dos fluidos, aparece a razão entre viscosidade dinâmica e densidade, como apresenta a Equação 1.7.

Equação 1.7

$$\nu = \frac{\mu}{\rho}$$

De acordo com Silva e Oliveira (2005), a relação entre a viscosidade dinâmica e a massa específica do fluido, ambas consideradas à mesma pressão e temperatura, é chamada de *viscosidade cinemática* e representada pelo ni (ν). A unidade de viscosidade cinemática no sistema internacional de unidades é o m^2/s.

Exercício resolvido

A fim de lubrificar o movimento entre duas superfícies planas, colocou-se entre elas um óleo lubrificante de viscosidade cinemática igual a 10^{-4} m²/s e densidade igual a 720 kg/m³. As duas superfícies são paralelas e estão distantes entre si 5 mm. A superfície superior (placa) movimenta-se a uma velocidade de 2 m/s. Qual é a tensão de cisalhamento a qual o óleo está submetido?

a) 28,8 N/m²
b) 28 N/m²
c) 0,028828,8 N/m²
d) 0,013 N/m²
e) 28,8 N/m²

Gabarito: a
Resolução: Vamos fazer o diagrama que representa a situação:

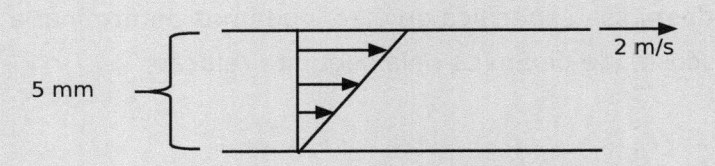

Para determinar a tensão de cisalhamento, utilizaremos a lei de Newton da viscosidade:

$$\tau = \mu \frac{dv}{dy}$$

Note, porém, que a distância entre as duas placas é muito pequena, de modo que podemos considerar o perfil de velocidade linear e utilizar a lei de Newton da viscosidade simplificada:

$$\tau = \mu \frac{V_0}{\varepsilon}$$

Os dados fornecidos são: viscosidade cinemática 10^{-4} m²/s; densidade 720 kg/m³; distância entre as duas placas 5 mm; e velocidade da placa superior 2 m/s.

Inicialmente, verificamos que nem todos os dados fornecidos apresentam unidade no sistema internacional de unidades: a distância entre as duas placas é dada em milímetros. Assim, precisamos fazer a conversão:

$$5 \text{ mm} = 5 \cdot 10^{-3} \text{ m}$$

Note que, para aplicar na lei de Newton da viscosidade simplificada e determinar a tensão de cisalhamento, que está agindo no óleo, o único dado que nos falta é a viscosidade dinâmica.

Como temos conhecimento da viscosidade cinemática e da massa específica do óleo, podemos determinar a viscosidade dinâmica pela seguinte relação:

$$\nu = \frac{\mu}{\rho}$$

Logo, se a viscosidade cinemática é a razão entre a viscosidade dinâmica e a massa específica, então: $\mu = \rho \nu$. A viscosidade dinâmica do óleo é, então:

$$\mu = (720 \text{ kg/m}^3)(10^{-4} \text{m}^2/\text{s}) = 0{,}072 \text{ Pa} \cdot \text{s}$$

Podemos, agora, determinar a tensão de cisalhamento que age sobre o óleo utilizando a lei de newton da viscosidade:

$$\tau = \mu \frac{v_0}{\varepsilon} = (0{,}072\ Pa \cdot s)\left(\frac{\frac{2m}{s}}{5 \cdot 10^{-3} m}\right) = 28{,}8\ N/m^2$$

A lei de Newton da viscosidade e a viscosidade dinâmica permitem classificar os fluidos de acordo com seu comportamento quando submetidos a uma tensão de cisalhamento. Conforme essa lei, os fluidos podem ser classificados em newtonianos e não newtonianos.

Os **fluidos newtonianos** obedecem a lei de newton da viscosidade e apresentam uma relação linear entre o gradiente de velocidade e a tensão de cisalhamento.

Os **fluidos não newtonianos** não obedecem a lei de Newton da viscosidade e comportam-se de forma diferente dependendo da tensão cisalhante a que são submetidos. De acordo com Fox, Pritchard e McDonald (2010), são os fluidos para os quais a tensão de cisalhamento não é diretamente proporcional à taxa de deformação e que tem comportamento independente ou dependente do tempo.

A maioria dos fluidos que conhecemos são fluidos newtonianos, como água e ar, mas podemos citar como exemplo de fluido não newtoniano a pasta de dentes, que muda de comportamento de acordo com a tensão aplicada, além disso, para comercialização e finalidade de uso, esse fluido, obrigatoriamente, deve ter as características de fluido não newtoniano.

A Figura 1.6 apresenta um gráfico que relaciona tensão de cisalhamento e taxa de deformação e faz uma comparação entre os tipos de fluidos e suas classificações no tocante ao comportamento deles e de sua taxa de deformação quando submetidos a uma tensão de cisalhamento.

Como podemos observar na Figura 1.6, um fluido newtoniano comporta-se com uma relação linear entre a tensão de cisalhamento e o gradiente de velocidade. Esses tipos de fluido apresentam viscosidade constante.

Os demais tipos de fluidos apresentados no gráfico são fluidos não newtonianos, note que a relação entre tesão de cisalhamento e gradiente de velocidade não é linear e eles comportam-se de forma diferente dependendo da tensão de cisalhamento a que são submetidos.

Um fluido dilatante, quando submetido a uma tensão de cisalhamento, aumenta a viscosidade, como é possível observar no diagrama apresentado na Figura 1.6. Um exemplo clássico de fluido dilatante é a areia movediça, ao tentar escapar desse tipo de fluido se debatendo, ele enrijece, tornando mais difícil a movimentação, isso ocorre porque, nesse tipo de fluido, quanto mais nos movimentamos exercendo um maior gradiente de velocidade no fluido, maior a tensão exercida por ele. Se fazemos um movimento calmo, as tensões são menores e conseguimos nos mover devagar.

No caso dos pseudoplásticos, a viscosidade vai crescendo, mas a uma taxa cada vez menor. O plástico de

Bingham é o tipo de fluido que, dependendo da tensão ao qual é submetido, comporta-se como um sólido ou um fluido. Esse tipo de fluido, até certa condição de tensão, comporta-se como um sólido, passada essa fase, ele começa a escoar. O exemplo supramencionado da pasta de dentes é um exemplo de plástico de Bingham.

Figura 1.6 – Classificação do comportamento reológico de diferentes fluidos

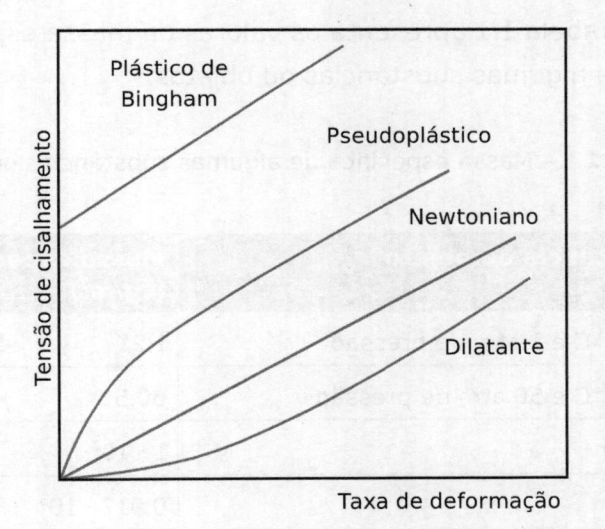

Fonte: Çengel; Cimbala, 2012, p. 42.

Note que, para todos os fluidos presentes no gráfico da Figura 1.6, quando a tensão de cisalhamento é zero, o gradiente de velocidade também é zero, pois, se não há força tangencial, não há gradiente de velocidade.

Outra propriedade importante é a massa específica – ρ (rô) –, que também é denominada *densidade absoluta*, sendo a massa do fluido por unidade de volume, sua unidade no sistema internacional de unidades é kg por m³ (kg/m³).

Equação 1.8

$$\rho = \frac{m}{v}$$

A Tabela 1.1 apresenta os valores da massa específica de algumas substâncias ou objetos.

Tabela 1.1 – Massa específica de algumas substâncias ou objetos

Substância ou objeto	Massa específica (kg/m³)
Ar 20 °C e 1 atm de pressão	1,21
Ar 20 °C e 50 atm de pressão	60,5
Isopor	$1 \cdot 10^2$
Gelo	$0,917 \cdot 10^3$
Água 20 °C e 1 atm de pressão	$0,998 \cdot 10^3$
Água 20 °C e 50 atm de pressão	$1,000 \cdot 10^3$
Água do mar 20 °C e 1 atm de pressão	$1,024 \cdot 10^3$
Sague	$1,060 \cdot 10^3$

Fonte: Elaborado com base em Halliday; Resnik; Walker, 2008.

Observe que a massa específica do ar se alterou consideravelmente com a alteração da pressão, o mesmo não ocorreu com a água, o que nos leva a concluir que a massa é influenciada significativament-e pela variação da pressão quando o fluido é um gás.

A densidade de uma substância depende, em geral, da temperatura e da pressão. A densidade da maioria dos gases é proporcional à pressão e inversamente proporcional à temperatura. Líquidos e sólidos, por outro lado, são substâncias essencialmente incompressíveis e a variação de sua densidade com a pressão usualmente é desprezível. (Çengel; Cimbala, 2012, p. 33)

O que é?

Segundo Francisco (2018), os fluidos que não apresentam mudança significativa na massa específica diante da alteração da pressão são chamados de *fluidos incompressíveis*.

Por vezes, a densidade de uma substância é fornecida com base em um fluido de referência, quando isso ocorre, chamamos essa densidade de *densidade relativa* (Equação 1.9).

Equação 1.9

$$\delta = \frac{\rho}{\rho_0}$$

A densidade relativa apresentada na Equação 1.9 é determinada pela razão entre a densidade do fluido e o fluido de referência. Para os líquidos, o fluido de referência é a água (de acordo com a Tabela 1.1, 1.000 kg/m³) e, para os gases, é o ar atmosférico.

Essa propriedade permite determinar quão pesado é o fluido em relação ao fluido de referência. Por exemplo, os líquidos que tem densidade relativa menor que 1, são mais leves em relação à água.

Além das propriedades extensivas e intensivas, temos ainda as propriedades específicas, ou seja, intrínsecas dos fluidos, as quais estudaremos a seguir.

O peso específico é a razão entre o peso do fluido e o volume que ele ocupa.

Equação 1.10

$$\gamma = \frac{W}{V}$$

Para determinar o peso de um fluido, utilizamos a seguintes relação:

Equação 1.11

$$w = mg$$

Em que w é o peso do fluido, m sua massa e g a aceleração da gravidade (9,8 m/s²).

Combinando as Equações 1.10 e 1.11, obtemos uma relação entre peso específico e massa específica que é apresentada na Equação 1.12.

Equação 1.12

$$\gamma = \frac{mg}{V} = \rho g$$

Quando o peso específico é dado em relação a um fluido de referência, temos o peso específico relativo. O peso específico relativo (Υ_r) é a razão entre o peso específico do fluido e um fluido de referência (Equação 1.13).

Equação 1.13

$$\Upsilon_r = \frac{\Upsilon}{\Upsilon_{ref}}$$

A unidade de peso específico no sistema internacional de unidades é N/m^3.

Exercício resolvido

Uma empresa comercializa diferentes tipos de óleos de motor para carros com viscosidades determinadas e informadas em rótulos. Um pessoa compra um desses óleos e encontra os seguintes dados: viscosidade cinemática igual a 0,03 m^2/s e peso específico relativo igual a 0,75. Com base nos dados encontrados no rótulo do óleo comprado, podemos dizer que a viscosidade dinâmica é igual a:

a) 22 N · s/m^2.
b) 22,5 N · s/m^3.
c) 23,2 N · s/m^2.

d) 22,5 N · s/m³.
e) 22 m²/s.

Gabarito: a

Resolução: O exercício fornece a viscosidade cinemática e o peso específico relativo e pede que determinemos a viscosidade dinâmica. Para esse fim, vamos começar pela equação que relaciona viscosidade cinemática e viscosidade dinâmica:

$$\nu = \frac{\mu}{\rho}$$

Logo, se a viscosidade cinemática é a razão entre a viscosidade dinâmica e a massa específica, então:

$$\mu = \rho\nu$$

A viscosidade dinâmica é o produto entre viscosidade cinemática e massa específica, logo, para determinar a viscosidade dinâmica, basta encontrar a massa específica desse fluido.

Uma vez que o exercício forneceu o peso específico relativo, podemos partir da equação de peso específico relativo e encontrar o peso específico do fluido.

Sabemos que peso específico relativo é a razão entre o peso específico do fluido e um fluido de referência:

$$\Upsilon_0 = \frac{\Upsilon}{\Upsilon_{ref}}$$

Então:

$$\Upsilon = \Upsilon_{ref}\Upsilon_0$$

Como o fluido é um líquido, a referência é a água.
Para determinar o peso específico da água, utilizamos a seguinte equação:

$$\gamma = \frac{mg}{V} = \rho g$$

Em que g é a aceleração da gravidade e vale 9,8 m/s² e, como já mencionado, a massa específica da água é 1.000 kg/m³, assim, o peso específico da água é:

$$\Upsilon_{ref} = 9,8 \cdot 1000 = 9800 \, N/m^3$$

Poderíamos também utilizar o valor 10.000 N/m³ mencionado quando estudamos peso específico e, para ele, a aceleração da gravidade igual a 10 m/s².

Substituindo o valor do peso específico do fluido de referência e o valor do peso específico relativo em $\Upsilon = \Upsilon_{ref} \Upsilon_0$, obtemos que o peso específico do fluido é:

$$\Upsilon = 9800 \cdot 0,75 = 7350 \, N/m^3$$

Sabendo o peso específico do fluido, podemos determinar sua massa específica pela seguinte equação:

$$\gamma = \frac{mg}{V} = \rho g$$

Isolando a massa específica, temos:

$$\rho = \frac{\Upsilon}{g}$$

Logo, a massa específica do fluido é:

$$\rho = \frac{7350}{9,8} = 750 \, kg/m^3$$

Uma vez encontrado o valor da massa específica, finalmente, podemos determinar a viscosidade dinâmica pela equação $\mu = \rho \nu$, logo:

$$\mu = 750 \cdot 0,03 = 22,5 \, N \cdot s/m^2$$

Outra propriedade do fluido é o vapor de pressão que está associado à troca de fases entre o líquido e o gás.

Para definir pressão de vapor, vamos imaginar a seguinte situação: Um recipiente tampado encontra-se cheio de água, sem nenhum outro fluido. Imagine que a tampa desse recipiente está presa a um êmbolo e que puxamos esse êmbolo até certa altura, criando entre a tampa e a água um "vazio", conforme ilustrado na Figura 1.7.

Figura 1.7 – Formação da pressão de vapor no vácuo

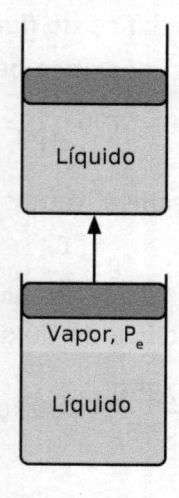

Fonte: Munson et al., 2012, p. 23, tradução nossa.

Com o passar do tempo, surgem moléculas de vapor no vácuo, pois as moléculas na superfície conseguem superar as forças intermoleculares e escapam para a atmosfera, de modo que o gás vai ocupar a região que antes estava vazia, criando uma pressão nela, essa pressão é denominada *pressão de vapor* e é alcançada em uma condição de equilíbrio.

Podemos dizer que a pressão de vapor de uma substância é a pressão exercida por seu vapor em equilíbrio com sua fase líquida a certa temperatura.

Em alguns sistemas, ocorre uma redução de pressão seguida de um aumento de pressão. Nessas condições, pode ocorrer um fenômeno chamado *cavitação*, que se inicia em regiões de alta velocidade e baixa pressão.

1.3 Cavitação

A palavra *cavitação*, do latim *cavus* (cavidade ou buraco), é o processo de formação e explosão das bolhas de vapor de um fluido, esse fenômeno ocorre apenas quando estamos trabalhando em um sistema no qual o fluido envolvido é um líquido, sendo bastante comum em alguns equipamentos, como hélices, bombas, turbinas e válvulas. Normalmente, a cavitação não é desejada, pois causa danos aos equipamentos (Santos, 2013).

Esse fenômeno relaciona-se com o comportamento termodinâmico do fluido e com sua curva de saturação líquido-vapor (Vieira; Simonette; Mansur, 1999).

A cavitação acontece no momento em que o líquido atinge uma região de baixa pressão, inferior à pressão de saturação do líquido na temperatura em que se encontra. Como consequência, ocorre uma mudança de fase e começam a se formar bolhas de vapor, essas bolhas são arrastadas para a região de alta pressão e se condensam de forma brusca e violenta.

Para entender melhor a cavitação, como ela ocorre e sua consequências, vamos analisar esse fenômeno em uma bomba centrífuga. O esquema de uma bomba centrífuga é apresentado na Figura 1.8.

Figura 1.8 – Esquema de uma bomba centrífuga

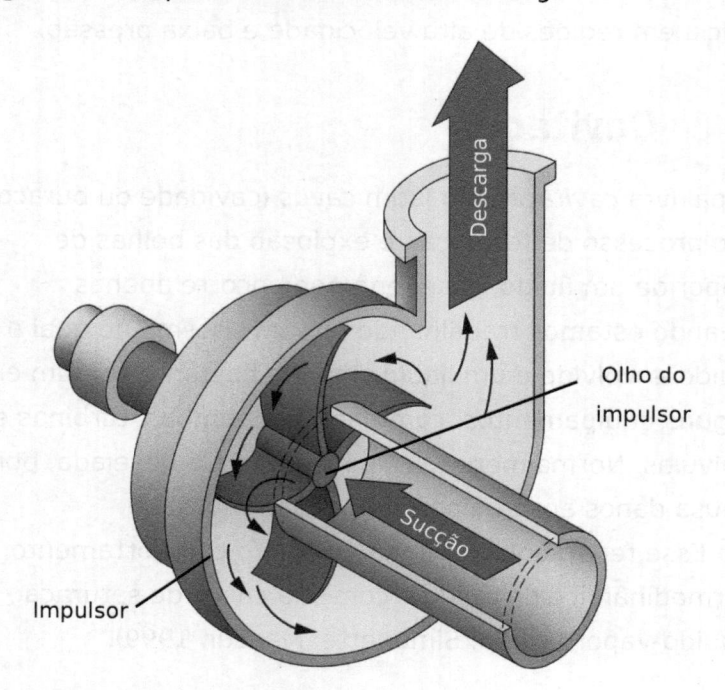

Fonte: Elaborado com base em Loxam Degraus, 2019.

Na Figura 1.8, podemos observar alguns elementos da bomba centrífuga, entre eles o rotor ou impelidor, um disco que, quando acionado, faz o motor da bomba girar, puxando o escoamento do fluido. O atrito entre o fluido e o rotor faz com que este ganhe energia cinética e seja acelerado, direcionando-se para a parte externa do disco, ou seja, para suas laterais.

O escoamento entra perpendicular ao eixo do rotor e, à medida que o disco vai girando, o fluido é acelerado cada vez mais para as laterais, criando uma região de baixa pressão perto do centro do rotor. Desse modo, temos uma região de baixa pressão no centro do rotor (entrada do fluido) e de alta pressão nas laterais do rotor.

O problema está no fato de que, dependendo das condições do escoamento, pode ser que a pressão de entrada do fluido seja baixa e a bomba diminua ainda mais essa pressão. Nessas condições, é possível que seja atingida a pressão de vapor da água, formando pequenas bolhas que acompanham todo o escoamento, essas bolhas são levadas para as regiões de alta pressão nas bordas do rotor e, quando chegam nessas regiões, implodem, ou seja, retornam para a fase líquida de forma agressiva, batendo fortemente na parte sólida do rotor e começando a danificá-lo.

Segundo Santos (2013), junto às bolhas, ocorre um microjato de água somado a ondas de choque que, se estiverem próximas ao rotor, podem ocasionar desgaste por erosão. Isso porque as pequenas bolhas formadas não diminuem de tamanho, elas, inicialmente, achatam-se, criando um furo em seu meio; esse furo está associado a um microjato que pode acertar as laterais do rotor com grande intensidade. A Figura 1.9 demonstra o comportamento da bolha de vapor e seu colapso.

Figura 1.9 – Colapso das bolhas de vapor

Fonte: Elaborado com base em Lobo, 2017.

Uma série de pequenas bolhas estourando em uma região acaba criando um efeito danoso ao equipamento, diminuindo seu desempenho e, quando persiste, danifica-o. Na Figura 1.10, podemos observar os efeitos da cavitação no rotor de uma bomba centrífuga.

Figura 1.10 – Efeitos da cavitação no rotor de uma bomba centrífuga

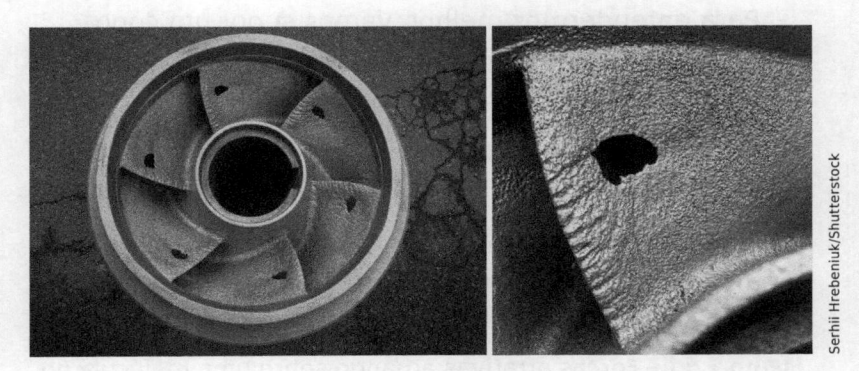

Serhii Hrebeniuk/Shutterstock

No decorrer de nosso estudo, tomamos conhecimento de que a viscosidade é consequência das forças intermoleculares, mas, ao analisá-la, verificamos um fluido em particular, e essa análise é interna a esse fluido. Na sequência, conferiremos a tensão superficial, que é consequência da interação entre fluidos distintos.

1.4 Propriedades dos fluidos: tensão superficial

Se analisarmos uma superfície que está entre a transição da fase líquida para a fase gasosa, uma molécula nela não apresenta distribuição homogênea das forças intermoleculares, uma vez que, em uma das direções, ela tem uma substância similar e, em outra, ela vai encontrar um fluido diferente, com outras propriedades. Assim, a interação dessa molécula com esse outro fluido será diferente, surgindo um desequilíbrio de tensões que, consequentemente, criará a tensão superficial.

Para entendermos melhor, vamos supor um copo cheio de água e analisar uma molécula no interior dele e sua interação com as demais moléculas. Vamos, igualmente, analisar um molécula na superfície do copo de água, interagindo tanto com as moléculas de água quanto com as moléculas de ar. Essa situação é apresentada na Figura 1.11.

Figura 1.11 – Forças atrativas atuando sobre uma molécula no interior e na superfície de um líquido

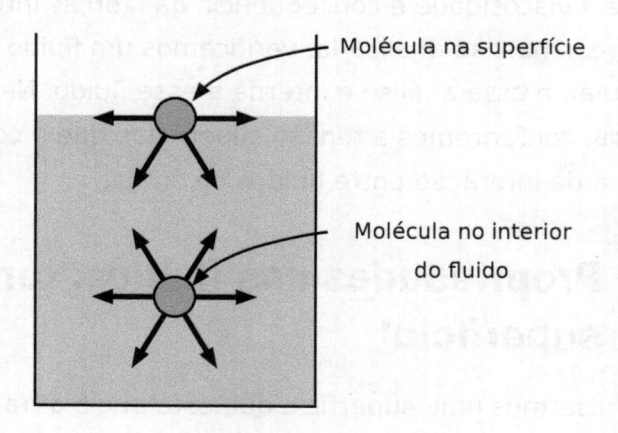

Fonte: Çengel; Cimbala, 2012, p. 45.

A molécula no interior do copo é atraída pelas moléculas ao seu redor (as setas na figura simbolizam essa atração). Perceba que, as forças atraindo as moléculas em todas as direções, torna o somatório das forças igual a zero, e a molécula permanece em sua posição.

A molécula na superfície só é atraída pelas moléculas de água que estão dentro do fluido, de modo que as interações que essa molécula tem com as moléculas de ar são muito menores, motivo pelo qual ocorre um desequilíbrio de tensões. Podemos observar nas setas da figura, que simbolizam as forças de atração, que essas forças já não são homogêneas e, nesse caso, temos uma força resultante para baixo, uma espécie de tensão, que é chamada de *tensão superficial*. Esse fenômeno é o que permite que alguns insetos se apoiem na água sem afundar, pois a superfície passa a se comportar como uma membrana.

Behring et al. (2004) definem a tensão superficial nos líquidos como uma consequência do desequilíbrio das forças atuantes nas moléculas da superfície em relação às moléculas dentro da solução.

No decorrer do capítulo, estudamos os fluidos e a existência do atrito interno entre as camadas do próprio fluido, ou seja, os efeitos viscosos. Em algumas situações, esses efeitos são tão pequenos em comparação a outros que podemos desprezá-los, assumindo que a viscosidade do fluido é zero. Nesses casos, consideramos que o fluido é ideal.

1.5 Classificação dos fluidos: fluido ideal e fluido incompressível

Um fluido que apresenta efeitos viscosos desprezíveis e viscosidade nula é chamado de *fluido ideal*.

> Fluido ideal é aquele cuja viscosidade é nula. Por essa definição conclui-se que é um fluido que escoa sem perdas de energia por atrito. É claro que nenhum fluido possui essa propriedade; no entanto, [...] algumas vezes é interessante admitir essa hipótese, ou por razões didáticas ou pelo fato de a viscosidade ser um efeito secundário do fenômeno. (Brunetti, 2008, p. 10)

Um escoamento no qual o fluido que está escoando é considerado ideal é denominado *escoamento não viscoso*, em contrapartida, um escoamento no qual o efeito da viscosidade do fluido é considerado é chamado de *escoamento viscoso*.

Preste atenção!

A viscosidade cinemática da água é da ordem de $10^{-6}\,m^2/s$, um valor muito baixo em relação a outras ordens de grandezas.

Podemos classificar os fluidos de acordo com diferentes critérios, um deles é a massa específica, que pode ser variável ou constante. Quando um fluido apresenta massa específica constante, é denominado *fluido incompressível*.

Quando estudamos massa específica, tomamos conhecimento que essa propriedade pode variar quando há variação de pressão. Alguns fluidos, ao sofrerem variação de pressão, não apresentam variação significativa na massa específica, sendo essa propriedade considerada constante para eles. Nesses casos, os fluidos (ou escoamento) são denominados *incompressíveis*.

> A massa específica de um fluido pode estar sujeita a alterações de pressão. Se a pressão aumenta, há uma redução de volume e um aumento de massa específica. Quando a alteração de pressão não provoca uma mudança significativa da massa específica, o fluido pode ser considerado incompressível. (Francisco, 2018, p. 31)

A variação de pressão não influencia no volume de um líquido, motivo pelo qual sua massa específica é constante. Portanto, os líquidos são fluidos incompressíveis, por outro lado, o volume dos gases é bastante sensível a alterações de pressão, tornando-os extremamente compressíveis.

O número adimensional chamado *número de Mach* (M), calculado na Equação 1.14, permite determinarmos se um fluido é ou não incompressível.

Equação 1.14

$$M = \frac{V}{c}$$

Na Equação 1.14, *v* é a velocidade média do escoamento e *c* a velocidade do som no meio (346 m/s). De acordo com Çengel e Cimbala (2012), para M < 0,3, o escoamento é incompressível, já para M = 1, o escoamento é sônico, quando M < 1, o escoamento é supersônico e, quando M > 1, o escoamento é hipersônico.

Estática dos fluidos

2

Conteúdos do capítulo:

- Conceito de pressão.
- Pressão em um ponto do fluido.
- Lei de Stevin.
- Lei de Pascal.
- Carga de pressão.
- Escalas de pressão.
- Manometria.

Após o estudo deste capítulo, você será capaz de:

1. compreender os conceitos básicos da estática dos fluidos;
2. conceituar pressão e determiná-la em pontos de um fluido em repouso;
3. compreender a lei de Stevin;
4. conceituar carga de pressão;
5. compreender a lei de Pascal e reconhecer sua aplicação na hidráulica e em dispositivos do cotidiano;
6. reconhecer as diferentes medidas de pressão e suas escalas;
7. compreender conceitos básicos da manometria e os principais tipos de manômetros.

No capítulo anterior, estudamos os fluidos, suas propriedades e seu comportamento quando submetidos a uma
tensão cisalhante. Em algumas análises envolvendo fluidos, é necessário estudar seu comportamento quando
não há tensão cisalhante atuando, ou seja, quando o
fluido não está escoando, e sim em repouso.

A área da mecânica dos fluidos que estuda os fluidos
em repouso, as forças atuantes nessas condições e seu
comportamento é chamada de *estática dos fluidos*. Em
estado de repouso, as partículas dos fluidos permanecem em suas posições, comportando-se como um corpo
rígido, de modo que não existem tensões cisalhantes
entre as camadas do próprio fluido já que ele não está
escoando. Nessas condições, as forças viscosas são desprezadas e só existem tensões normais, chamadas de
pressão.

Aqui estudaremos essa importante propriedade dos
fluidos estáticos. Na verdade, nosso maior interesse é o
estudar a distribuição de pressão no fluido e, por meio
dessa distribuição, determinar sua resultante e de que
forma ela age em uma superfície sólida submersa no
fluido.

Problemas dessa natureza aparecem nos mais diversos contextos, como na hidráulica, em projetos de pontes
submersas, em prensas industriais etc.

2.1 Fluido em repouso

Nas análises de sistemas da mecânica dos fluidos, por vezes, o interesse não é o escoamento dos fluidos, mas sim seu comportamento e as força existentes quando ele está em repouso. A área específica da mecânica dos fluidos que estuda o fluido em repouso é a estática dos fluidos.

Na condição de repouso, segundo Livi (2004), o fluido age como um corpo rígido, pois suas partículas permanecem na mesma posição, dessa forma, o fluido não está submetido a movimentos relativos entre suas partículas e não existe a tensão cisalhante entre suas lâminas, ou seja, as forças viscosas são desprezadas e existem apenas as tensões normais, denominadas *pressão*.

Na estática, o maior interesse é o estudo da distribuição de pressão no fluido, pois ao determinar essa distribuição, podemos verificar a resultante das forças de pressão do fluido que atuam em um sólido submerso nele (Francisco, 2018).

Exemplificando

O projeto de pontes submersas é realizado com base na estática dos fluidos. É possível determinar as forças de pressão da água que atuarão sobre a estrutura da ponte e desenvolver o projeto de forma que a ponte consiga manter-se firme e estável.

Existe uma propriedade própria dos fluidos denominada *pressão*, só lidamos com pressão quando estamos trabalhando com gases e líquidos, nos sólidos, a propriedade que equivale à pressão é a tensão normal.

2.2 Pressão

Como já definido no Capítulo 1, uma força aplicada em uma superfície pode ser decomposta em forças normais e tangenciais. A pressão é a razão entre as forças normais que atuam sobre uma superfície por unidade de área (Equação 2.1).

Equação 2.1

$$P = \frac{F_N}{A}$$

A unidade de pressão no sistema internacional de unidades é o Newton por metro quadrado (N/m^2) ou o pascal (Pa) – mas, como esta é muito pequena para expressar pressões encontradas na prática, costumamos usar seus múltiplos: bar, atmosfera padrão e quilograma força por centímetro quadrado (Çengel; Cimbala, 2012).

Para exemplificar essa propriedade e sua relação com a área e a força aplicada, considere dois de tamanho distintos, sendo que um apresenta área maior que o outro. Se aplicarmos uma força de mesma intensidade em ambos os reservatórios, uma vez que a pressão, segundo a Equação 2.1, é inversamente proporcional a área, o reservatório de área maior terá uma pressão menor em relação ao reservatório de área menor. É possível ainda fazer uma observação no tocante à força: a dada pressão, quanto maior a área, maior a força, isso fica bem claro ao isolarmos a força na Equação 2.1, obtendo a seguinte equação:

Equação 2.2

$$A = \frac{F_N}{P}$$

Com base na Equação 2.2, podemos observar essa proporcionalidade entre força e área.

A fim de desenvolvermos a equação básica da estática dos fluidos, vamos analisar a pressão exercida em um ponto do fluido em repouso.

Considere o reservatório apresentado na Figura 2.1 como um aquário. Vamos imaginar que o círculo é um peixe que se encontra, inicialmente, na posição 1 a determinada altura da superfície H_1 e, depois, nada até a posição 2, a uma altura H_2 da superfície.

Analisando a situação, podemos pensar: Qual é a pressão que atua sobre o peixe na posição 1?

Figura 2.1 – Pressão exercida em diferentes pontos de um fluido

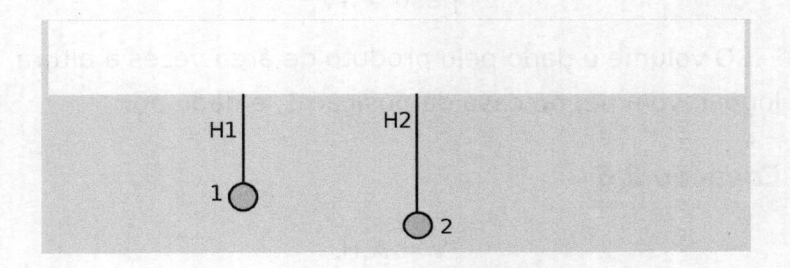

Já sabemos que a pressão é a razão entre força normal e área. A força que atua no ponto 1, ou seja, no peixe quando ele está na posição 1 é a força do peso do fluido que está sobre o peixe, ou seja, a coluna de líquido que está acima dele, logo, a pressão que atua sobre o peixe na posição 1 é dada pela Equação 2.3.

Equação 2.3

$$P_1 = \frac{peso}{A_1}$$

O peso específico de uma dada substancia é dado pela razão entre seu peso e seu volume (Equação 2.4).

Equação 2.4

$$\Upsilon = \frac{peso}{V}$$

Por meio da Equação 2.4, podemos concluir que o peso é igual ao peso específico do fluido (Υ) vezes o volume (Equação 2.5).

Equação 2.5

$$peso = \Upsilon v$$

O volume é dado pelo produto de área vezes a altura, logo, o volume, no caso da posição 1, é dado por:

Equação 2.6

$$V = A_1 H_1$$

Sendo A_1 a área do nosso peixe e H_1 a altura da coluna de líquido acima dele e substituindo a Equação 2.6 na Equação 2.5, obtemos que o peso é igual a:

Equação 2.7

$$peso = \Upsilon A_1 H_1$$

Substituindo a Equação 2.7 na equação inicial de pressão exercida sobre o peixe na posição 1 (Equação 2.1), temos a pressão exercida pelo fluido no ponto 1.

Equação 2.8

$$P_1 = \frac{\Upsilon A_1 H_1}{A_1} = \Upsilon H_1$$

Uma vez que o peso específico é igual a massa específica vezes a gravidade ($\Upsilon = \rho g$), a Equação 2.8 pode ser escrita em termos da massa específica (Equação 2.9).

Equação 2.9

$$P_1 = \Upsilon h_1 = \rho g H_1$$

Logo, de acordo com a Equação 2.9, verificamos que a pressão em um ponto de um fluido em repouso é igual ao produto do peso específico pela altura de coluna de líquido acima dele ou, ainda, o produto da massa específica pela gravidade pela altura de coluna de líquido acima dele. Essa equação é denominada *lei de Stevin*.

Voltando à Figura 2.1, imagine que o peixe saiu da posição 1 e continuou nadando na horizontal, a altura permanece H_1, logo, segundo a Equação 2.9, se não há alteração na altura da coluna de líquido sobre o peixe, já que massa específica e aceleração da gravidade são constantes, a pressão continua a mesma. Com base na lei de Stevin, observe que a pressão exercida em um ponto no fluido é função apenas da altura da coluna de líquido acima dele.

Perguntas & respostas

O peso específico sempre é constante?
Não. Segundo Livi (2004), em função da massa específica (fluidos compressíveis) e também devido a variações gravitacionais, o peso específico pode ser variável. Em nosso estudo, vamos considerar apenas os casos em que o peso específico e, consequentemente, a massa específica são constantes.

Agora, vamos considerar que o peixe saiu da posição 1 para a posição 2 (Figura 2.2) e nadou para uma profundidade maior (H_2). Nesse contexto, a pressão no ponto 2 será diferente da pressão no ponto 1. Observe a equação a seguir:

Equação 2.10

$$P_2 = \rho g H_2$$

Caso desejássemos saber a diferença de pressão entre os dois ponto, ou seja, a variação de pressão existente entre P_1 e P_2, bastaria realizarmos a diferença entre as pressões nos dois pontos, isto é:

Equação 2.11

$$P_2 - P_1 = \rho g H_2 - \rho g H_1 = \rho g \, \Delta H$$

Logo, podemos concluir que a diferença de pressão existente entre dois pontos de um fluido é igual ao produto entre a massa específica do fluido pela aceleração da gravidade pela distância vertical (ΔH) ou, ainda, o produto entre peso específico do fluido pela variação da distância vertical (ΔH).

Com relação à diferença de pressão entre dois pontos do fluido, Brunetti (2008) destaca que só importa a variação de altura entre eles, e não a distância.

Vale destacar também que o formato do recipiente não interfere na diferença de pressão entre dois pontos, veja, por exemplo, o recipiente mostrado na Figura 2.2.

Figura 2.2 – Distribuição de pressão em um fluido em repouso

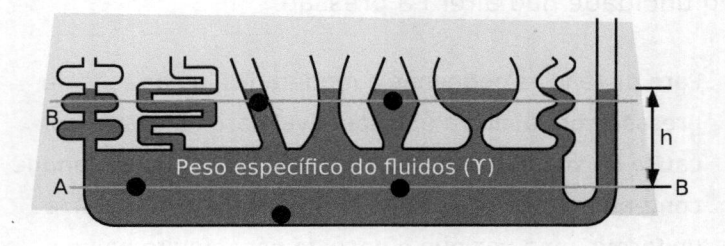

Fonte: Elaborado com base em Vilanova, 2011.

Na Figura 2.2, podemos observar que o recipiente apresenta um formato peculiar, mas isso não influencia na pressão exercida em cada ponto do fluido, pois ela depende apenas da altura de coluna de líquido e, no caso da diferença de pressão entre dois pontos, a variação de cotas entre eles.

Diante do exposto, podemos concluir que o pontos apresentados na Figura 2.3 que estão no nível A apresentam mesma pressão, pois estão no mesmo nível, o ponto abaixo do nível A tem pressão diferente em decorrência da diferença de altura em relação aos pontos do nível A e os pontos que encontram-se no nível B. Independentemente do formato do recipiente, estão em um mesmo nível e, por isso, apresentam pressões iguais.

Como os gases apresentam peso específico pequeno quando comparados aos líquidos, se a variação (ΔH) é relativamente pequena, podemos desprezar a variação de pressão entre os pontos e considerá-la constante; já os líquidos, por serem fluidos, em sua maioria, incompressíveis, a variação da massa específica com a profundidade não altera a pressão.

Para distâncias pequenas a moderadas, a variação da pressão com a altura é desprezível para os gases, por causa da sua baixa densidade. A pressão em um tanque contendo um gás, por exemplo, pode ser considerada uniforme, uma vez que o peso do gás é muito baixo para fazer uma diferença apreciável [...]. Os líquidos são substâncias essencialmente incompressíveis e, portanto, a variação de densidade com a profundidade é desprezível. Isso pode acontecer com os gases quando a variação da altura não for muito grande. Entretanto a variação da densidade dos líquidos ou dos gases com a temperatura pode ser significativa e precisa ser considerada. [...] da mesma forma, a profundidades maiores [...] a variação de densidade de um líquido pode ser significativa. (Çengel; Cimbala, 2012, p. 6)

Se o ponto do fluido em análise é um ponto em sua superfície (Figura 2.3), a pressão relativa (ou efetiva) desse ponto é zero, uma vez que a pressão relativa é a pressão em relação à pressão atmosférica. Assim, como o ponto na superfície do fluido já se encontra a uma pressão atmosférica, sua pressão relativa é nula.

Figura 2.3 – Pressão em um ponto da superfície livre de um fluido

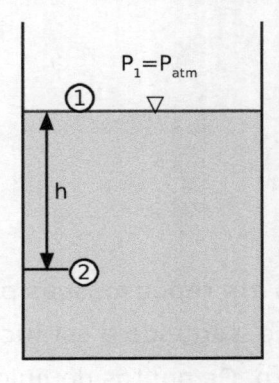

[Figura: reservatório com ponto ① na superfície livre onde $P_1 = P_{atm}$, e ponto ② a uma profundidade h abaixo.]

Fonte: Elaborado com base em Çengel; Cimbala, 2012, p. 60.

Como vimos anteriormente, na direção horizontal, não existe variação de pressão no fluido, uma vez que ele só depende da profundidade, ou seja, da altura vertical. Esse fato tem como consequência uma importante lei da estática dos fluidos denominada *lei de Pascal*.

2.3 Princípio de Pascal

A lei de Pascal enuncia que a pressão exercida no ponto de um fluido estático é a mesma em todas as direções. Para entender melhor essa afirmação, observe a Figura 2.4, que apresenta um ponto específico de um fluido em repouso e as forças que atuam sobre ele.

Figura 2.4 – Pressão nos pontos do fluido

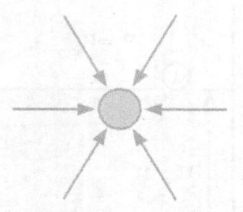

Se o fluido está em repouso, suas partículas não tem movimento algum e, segundo a estática, o somatório das forças é igual a zero. Os pontos do fluido representados na Figura 2.4 tem uma área infinitesimal, ou seja, uma área pequena, logo, a pressão entre esses dois pontos é praticamente constante.

As setas nos pontos do fluido representam as pressões que atuam sobre ele, observe que, em todas as direções de qualquer ponto do fluido, é aplicada exatamente a mesma pressão, de modo que elas se anulam. Assim, como a diferença de pressão entre os pontos do fluido é constante dependendo apenas do desnível entres eles, se aplicarmos uma variação de pressão em um desses pontos, ela se transmitirá aos demais pontos do fluido. Portanto, todos os pontos do fluido sofrem uma variação de pressão igual (Nussenzveig, 2018).

Este princípio foi enunciado por Pascal, que, em seu "Tratado sobre o equilíbrio dos líquidos" (1663), também aplicou à prensa hidráulica, dizendo: "Se um

recipiente fechado cheio de água tem duas aberturas, uma cem vezes maior que a outra: colocando um pistão bem justo em cada uma, um homem empurrando o pistão pequeno igualará a força de cem homens empurrando o pistão cem vezes maior [...]. E qualquer que seja a proporção das aberturas, estarão em equilíbrio."
(Nussenzveig, 2014, p. 19)

Podemos compreender melhor o princípio de Pascal ao pensamos em um fluido e analisarmos diversos pontos dele. Imagine que cada ponto do fluido apesenta uma pressão P_1, P_2, ..., P_n e que o ponto 1 desse fluido foi submetido a uma variação de pressão ΔP, logo, a pressão do ponto 1 passa a ser $P_1 + \Delta P$. De acordo com o princípio de Pascal, todos os outros pontos do fluido terão também esse acréscimo de pressão ao qual o ponto 1 do fluido foi submetido, ou seja, a pressão no ponto 2 passa a ser $P_2 + \Delta P$, assim como os n pontos do fluido em questão terão uma pressão $P_n + \Delta P$.

Essa lei é base para a hidráulica e está relacionada com dispositivos que utilizam a pressão para ampliar e transmitir a força a ela associada (Brunetti, 2008), conforme podemos observar na figura a seguir.

Figura 2.5 – Esquema de uma prensa hidráulica

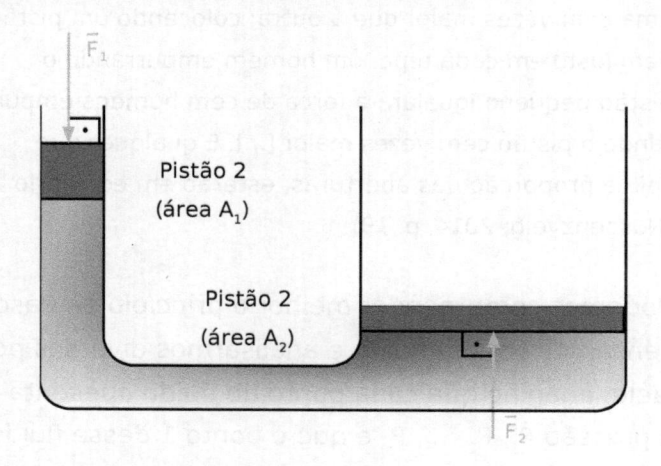

Pistão 2
(área A_1)

Pistão 2
(área A_2)

Fonte: Bergamim, 2017, p. 3.

Esse dispositivo é denominado *multiplicador de forças*. Observe que, nas extremidades da prensa hidráulica, temos dois cilindros de áreas diferentes conectados por um tubo, que contém um fluido. Ao aplicarmos uma força F_1 no cilindro de menor área, de acordo com a lei de Pascal, a pressão sofre um acréscimo e passa a ser:

Equação 2.12

$$\Delta P_1 = \frac{F_1}{A_1}$$

Porém, de acordo com a lei de Pascal, esse acréscimo de pressão se estende a todos os pontos do fluido, motivo pelo qual, nos pontos próximos ao cilindro de área maior, ocorre também o mesmo acréscimo de pressão. Assim, a variação de pressão próximo a área do cilindro maior é:

Equação 2.13

$$\Delta P_2 = \frac{F_2}{A_2}$$

Como esse acréscimo de pressão é igual em todos os pontos do fluido, $\Delta P_1 = \Delta P_2$, logo:

Equação 2.14

$$\frac{F_1}{A_1} = \frac{F_2}{A_2} \rightarrow \frac{F_1}{F_2} = \frac{A_1}{A_2}$$

Na Equação 2.14, podemos verificar por que a prensa hidráulica é chamada de *multiplicador de forças*, pois os princípios envolvidos nesses dispositivos, segundo Muson et al. (2012), permitem ampliar o módulo de uma força, de modo que uma força pequena F_1 aplicada a um cilindro de área menor A_1 pode ser amplificada no cilindro de área maior A_2. É mediante esse princípio que é possível, utilizando um macaco de área tão pequena, erguer facilmente um automóvel.

Exercício resolvido

Pretende-se levantar um corpo de 300 kg com um elevador hidráulico como o mostrado no esquema a seguir. Qual é a força mínima necessária que deve ser aplicada na outra extremidade do elevador para elevar esse objeto?

a) 3 N.
b) 30 N.
c) 0,03 N.
d) 0,3 N.
e) 300 N.

Gabarito: a

Resolução: Segundo o diagrama, podemos verificar que o objeto foi colocado na extremidade de área maior. Podemos determinar a força necessária a ser aplicada na área menor para erguer esse objeto pela lei de Pascal apresentada na Equação 2.14.

$$\frac{F_1}{A_1} = \frac{F_2}{A_2} \rightarrow \frac{F_1}{F_2} = \frac{A_1}{A_2}$$

No caso de nosso exercício, na equação acima:

- F_1 é a força aplicada na extremidade do elevador de menor área, ou seja, a força necessária para elevar o objeto de 300 kg;
- A_1 é a área menor do elevador, ou seja, $3 \cdot 10^{-4}\ m^2$;

- F_2 é a força aplicada pelo objeto de 300 kg na extremidade de maior área do elevador;
- A_2 é a área maior, ou seja, 0,3 m².

Vamos substituir os dados fornecidos no enunciado do problema em nossa equação:

$$\frac{F_1}{A_1} = \frac{F_2}{A_2} \rightarrow \frac{F_1}{F_2} = \frac{3 \cdot 10^{-4}}{0,3}$$

Queremos descobrir a força mínima necessária aplicada na extremidade de menor área, ou seja, necessitamos encontrar F_1. Para isso, precisamos conhecer F_2, que não foi fornecida no problema, mas sabendo a massa do objeto podemos determiná-la. A força aplicada na extremidade de área maior é a força peso do objeto que pode ser obtida pela seguinte equação:

$$W = mg$$

Sendo *w* o peso do objeto, *m* a massa do objeto e *g* a aceleração da gravidade, que é 9,8 m/s², para fins de simplificação dos cálculos, vamos considerar a aceleração da gravidade é 10 m/s². Com isso, o peso do corpo é:

$$W = (300 \text{ kg})(10 \text{ m/s}^2) = 3000 \text{ N}$$

Logo, F_2 é igual a 3.000 N. Substituímos F_2 em:

$$\frac{F_1}{F_2} = \frac{3 \cdot 10^{-4}}{0,3}$$

e obtemos:

$$\frac{F_1}{3000} = \frac{3 \cdot 10^{-4}}{0,3}$$

Logo, a força que deve ser aplicada à área menor para elevar o objeto de 300 kg é:

$$F_1 = \frac{3 \cdot 10^{-4}}{0,3} \cdot 3000 = 3\,N$$

2.4 Carga de pressão

No escoamento de fluidos, encontramos as cargas potencial, cinética e de pressão. Por definição, *carga* é a razão entre massa ou energia e peso. De acordo com a lei de Stevin ($\Delta p = \Upsilon \Delta h$), a variação de pressão depende diretamente da altura (Δh). Dessa forma, temos determinada altura que equivale a certa pressão, a carga de pressão é justamente esse Δh, ou seja, a altura necessária de uma coluna de líquido para gerar uma pressão P.

Diante disso, perceba que a pressão pode ser expressa em termos de unidades de comprimento, já que Δh, ou simplesmente *h*, tem unidade de comprimento. Já sabemos que:

Equação 2.15

$$p = \Upsilon h$$

Então, podemos concluir que a altura da coluna de líquido (h), ou seja, a carga de pressão é:

Equação 2.16

$$h = \frac{\Upsilon}{p} = \text{carga de pressão}$$

Utilizamos a carga de pressão em problemas que temos disponíveis o tipo de fluido envolvido (consequentemente, temos o valor de Υ) no sistema e a altura de coluna de líquido desse fluido. Por meio dessas informações e da Equação 2.16, podemos determinar a pressão do fluido em função do nível de coluna de líquido.

Podemos observar o conceito de carga de pressão de forma prática com o exemplo de Brunetti (2008): Um tubo que contém, em seu interior, um fluido de peso específico Υ conhecido e pressão desconhecida. Imagine que, no meio desse tubo, seja feito um furo no qual é inserido um outro tubo prolongado, como mostra a Figura 2.6.

Figura 2.6 – Carga de pressão de um fluido

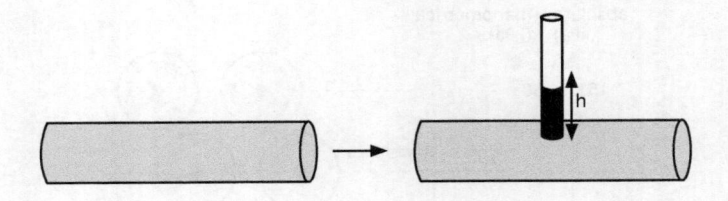

Fonte: Elaborado com base em Brunetti, 2008.

Ao furamos o tubo no meio com o tubo prolongado, uma parte do fluido no interior do tubo será empurrado para fora e formará uma coluna de líquido (h) no tubo prolongado. Essa altura *h* equivale à pressão do fluido naquele ponto. Essa medida de pressão é conveniente para sistemas nos quais queremos determinar medidas de pressão ao longo do escoamento.

No decorrer do estudo, observamos que a pressão é uma propriedade importante na estática dos fluidos. Como já mencionado, a pressão relativa é a pressão em relação à pressão atmosférica. De forma geral, as medidas de pressão são determinadas sempre com base em uma referência à pressão relativa, em relação à pressão atmosférica, e a pressão absoluta, em relação ao zero absoluto.

2.5 Medidas de pressão

Na Figura 2.7, podemos visualizar a representação das diferentes escalas de pressão e suas referências.

Figura 2.7 – Escalas de pressão

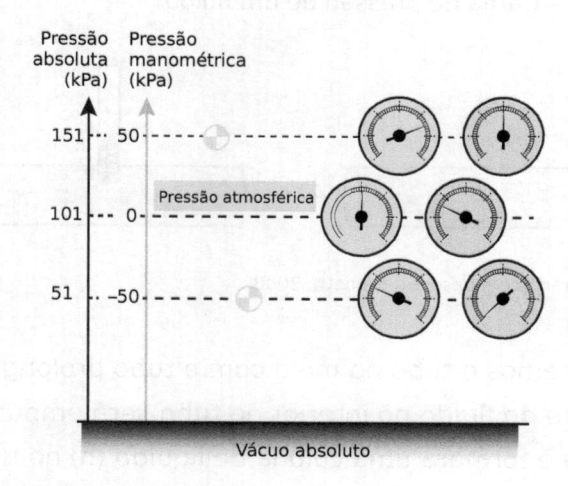

Fonte: Vilanova, 2011, p. 21.

Ao observarmos a Figura 2.7, podemos ver a mesma pressão medida em escalas diferentes. Segundo Fox, Pritchard e McDonald (2010), quando a referência é o zero absoluto (ou vácuo absoluto), a pressão é denominada *pressão absoluta*. Na Figura 2.7, podemos observar essa medida de pressão absoluta na seta mais escura. Quando a referência é a pressão atmosférica (zero relativo), a pressão é intitulada *pressão manométrica* ou *pressão efetiva*, representada pela seta mais clara na Figura 2.7.

Se observarmos bem a Figura 2.7, podemos verificar que não existe pressão negativa quando se trata de pressão absoluta. Isso também não ocorre com a pressão relativa, que pode ser negativa. Segundo Livi (2004), as medidas negativas são denominadas *pressão de vácuo*, pressões que estão abaixo da pressão atmosférica.

Exemplificando

Para visualizarmos o que seria pressão manométrica (acima da pressão atmosférica) e pressão de vácuo (abaixo da pressão atmosférica), vamos supor que temos uma tubulação com um fluido em seu interior. Esse fluido está a uma pressão manométrica, assim, se tivermos um furo na tubulação, o fluido vazará para fora dela. Imagine agora que a pressão do fluido no interior da tubulação seja uma pressão de vácuo; então, se tivermos um furo nessa tubulação, o ar entrará no sistema (tubulação).

Partindo da pressão atmosférica (também denominada *pressão barométrica*) e da pressão relativa, podemos determinar a pressão absoluta. De acordo com Brunetti (2008), elas se relacionam da seguinte forma: a pressão absoluta é a soma das pressões atmosférica e efetiva, ou seja:

Equação 2.17

$$P_{abs} = P_{atm} + P_{relativa}$$

Observe que a pressão atmosférica é uma pressão absoluta, pois é medida com relação ao zero absoluto. Vale ressaltar que a pressão atmosférica varia com a altitude, pois ela é a quantidade de coluna de gás da atmosfera que está sobre nós. De acordo com Durán (2003), a força do peso do ar é experimentada por todo e qualquer corpo que se encontre sobre ou acima da superfície da Terra. Como estudamos anteriormente, se essa altura da coluna for alterada, no caso da pressão atmosférica, a pressão também se alterará. Vale salientar que, para variações da coluna de fluido relativamente pequenas, a variação de pressão é desprezível.

Em alguns sistemas, como nos que o fluido envolvido é um gás, é conveniente trabalharmos com a pressão absoluta (Brunetti, 2008), isso porque, muitas vezes, necessitamos utilizar a equação dos gases ideais ou perfeitos, que necessita do uso da pressão absoluta. Já para os líquidos, como não se trabalha com equações de estado, podemos utilizar a pressão efetiva.

> **O que é?**
>
> As equações de estado relacionam as propriedades termodinâmicas. Essas equações normalmente são relações matemáticas que envolvem pressão, temperatura e volume, por isso são também denominadas *equações P-V-T*. Os gases que apresentam pressões relativamente baixas, são chamados de *gases ideais* ou *perfeitos* e sua equação de estado é PV = RT, sendo *P* a pressão, *V* o volume, *T* a temperatura absoluta e *R* a constante universal dos gases perfeitos. Essa equação de estado é chamada de *equação* ou *lei dos gases ideias ou perfeitos* (Moreira, 2017).

Como já citado, no SI a unidade de pressão é o Pascal, porém são muito utilizados seus múltiplos (Çengel; Cimbala, 2012). Como a carga de pressão é também uma medida de pressão, a pressão pode também ter unidade de comprimento como milímetros de coluna de mercúrio (mmHg), metro de coluna de água (mca), entre outras.

Considerando-se a importância da pressão na mecânica dos fluidos e mais especificamente na estática dos fluidos, desenvolveram-se técnicas e dispositivos para determinar medidas de pressão essas técnicas e dispositivos foi determinada com uma ciência chamada de manometria.

Segundo Vilanova (2011), diante da importância da propriedade pressão para os fluidos e a ciência que os estuda, foram desenvolvidas técnicas e ferramentas para realizar medidas de pressão em um fluido. Essa ciência é intitulada *manometria*.

Existem diversos instrumentos para medida de pressão, como o barômetro, que é utilizado para realizar medias de pressão atmosférica. Por esse motivo, a pressão atmosférica por vezes também é chamada de *pressão barométrica*.

O barômetro foi descoberto por Torricelli que, mediante um experimento, provou que era possível medir a pressão atmosférica a partir da inserção de um recipiente de mercúrio em outro recipiente com o mesmo líquido à pressão atmosférica (Çengel; Cimbala, 2012).

O experimento realizado por Torricelli consistiu em um tubo contendo mercúrio; esse tubo era fechado em sua extremidade inferior e aberto na superior, ficando, assim, sujeito à pressão atmosférica. Esse tubo foi invertido e imerso em um recipiente aberto contendo o mesmo líquido, como mostra a Figura 2.8. Em consequência disso, o mercúrio contido no tubo desce até certo nível, no qual mantêm um equilíbrio.

Ao virar o tubo no outro recipiente, temos uma altura entre o nível do recipiente e a coluna de líquido restante no tubo, de modo que é criado um vácuo, devido ao nível de mercúrio que baixou – ponto C da Figura 2.8. Com isso, o recipiente e o sistema estão em equilíbrio com a pressão atmosférica, sendo a pressão no ponto B igual à pressão atmosférica. Esse é o princípio básico do funcionamento de um barômetro.

Figura 2.8 – Barômetro básico

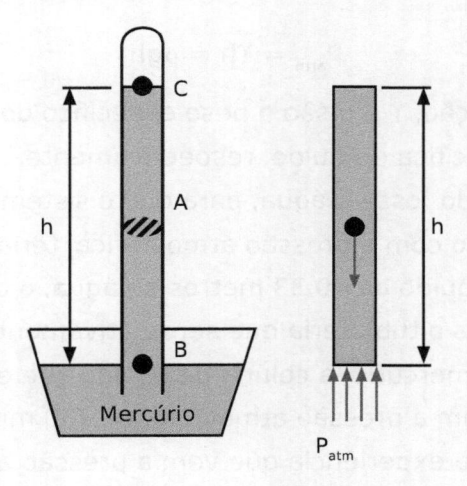

Fonte: Çengel; Cimbala, 2012, p. 65.

Como o peso específico do mercúrio é aproximadamente constante, uma mudança na pressão atmosférica ocasionará uma mudança na altura da coluna de mercúrio. Esta altura representa a pressão atmosférica [...]. Uma medida precisa deverá levar em conta a mudança da temperatura. A pressão atmosférica muda segundo as condições climatológicas e também com a altitude. No SI a diminuição da pressão atmosférica com a altitude é de aproximadamente de 85mm de mercúrio por cada 1000m. (Alé, 2011, p. 13)

Ao aplicarmos a equação básica da estática ($\Delta H = \rho g \Delta H$) nos pontos B e C – como a pressão no ponto C é desprezível, uma vez que é muito baixa em relação à pressão do fluido na coluna de líquido –, obtemos:

Equação 2.18

$$P_{atm} = \Upsilon h = \rho g h$$

Na equação, Υ e ρ são o peso específico do fluido e a massa específica do fluido, respectivamente.

Se o fluido fosse a água, para que o sistema entre em equilíbrio com a pressão atmosférica, teríamos uma coluna de líquido de 10,33 metros de água, o que seria inviável, pois o tubo teria que ser relativamente grande, mas com o mercúrio, a coluna de líquido que entra em equilíbrio com a pressão atmosférica é 760 mm – é justamente dessa experiência que vem a pressão atmosférica na unidade milímetros de mercúrio (mmHg).

Ao nível do mar, a pressão atmosférica equivale a 76 centímetros (760 mmHg) de altura de uma coluna de mercúrio, sendo a massa específica do mercúrio 12.600 kg/m³ e g = 9,8 m/s². Substituindo esses dados na Equação 2.17, obtemos que, ao nível do mar, a pressão é 101.320 N/m² = 101,32 kPa (Livi, 2004).

Exercício resolvido

Em uma viagem, Antônio percebeu que na cabana onde estava localizado havia um barômetro. Ele decidiu fazer a leitura do instrumento e verificou que este marcava 720 mmHg. A temperatura nesse momento era 20°C e, nessas condições, a massa específica do mercúrio é 13.600 kg/m³. Qual é a pressão atmosférica no local onde Antônio se encontrava?

a) 95,96 Pa

b) 95961,6 Kpa

c) 95,96 kPa

d) 95961,6 Pa

e) 95,96 atm

Gabarito: c

Resolução: No exercício proposto, a altura de coluna de líquido (mercúrio) é fornecida, bem como a massa específica do mercúrio à temperatura naquele momento. É importante destacar que o efeito da temperatura no tocante à massa específica foi considerado, uma vez que a mesma pode variar em função da temperatura.

Diante dos dados fornecidos, podemos determinar a pressão atmosférica na localidade de Antônio pela expressão:

$$P_{atm} = \Upsilon h = \rho g h$$

Sabemos que g é a aceleração da gravidade, que é 9,8 m/s², e que a massa específica do mercúrio naquelas condições é 13.600 kg/m³ e a altura de coluna de mercúrio é 720 mmHg, logo, já temos todos os dados necessários para determinar a pressão atmosférica no local onde Antônio se encontra. Porém, nem todos os dados estão no sistema internacional de unidades, motivo pelo qual devemos converter os valores necessários e obter a homogeneidade de unidades.

Como um milímetro é igual a 0,001 metros:

$$720\,mm \cdot \left(\frac{0,001\,m}{1\,mm}\right) = 0,72\,m$$

Agora que todos os dados se encontram no sistema internacional de unidades, podemos substituir os valores na equação e encontrar a pressão atmosférica:

$$P_{atm} = \left(\frac{13600\,kg}{m^3}\right)\left(\frac{9,8\,m}{s^2}\right)(0,72\,Hg)$$

$P_{atm} = 95961,6\,N/m^2 = 95,96\,kPa$.

Logo, a pressão atmosférica no local onde Antônio se encontra é de 95,96 kPa.

Outro instrumento para determinar medidas de pressão é o manômetro. Esse instrumento, diferentemente do barômetro, determina a pressão de fluidos em um recipiente fechado.

Os dispositivos utilizados para realizar medidas de pressão são chamados de *manômetros*.

O manômetro mais comum é o manômetro de Bourdon, que consiste em um tubo oval conectado a um conjunto de engrenagens. Ele tem a aparência de um relógio (esse tipo de manômetro é o que encontramos em postos de combustíveis).

O manômetro de Bourdon leva esse nome em consequência de realizar a medida de pressão pela deformação de um tubo metálico (Brunetti, 2008).

No visor do manômetro, aparecem as medidas e escalas de pressão, e o ponteiro aponta a referida medida; em seu interior, temos o tubo ligado a um sistema de engrenagens. Quando o manômetro é submetido a uma pressão, esse tubo se deforma e, consequentemente, move o ponteiro, que relaciona a pressão com a deformação do tubo e aponta no mostrador graduado a pressão na qual o tubo está submetido.

Figura 2.9 – Manômetro de Bourdon

Caroline Rabelo Gomes

Outro tipo de manômetro, o mais simples, é o piezômetro (ou coluna piezométrica), representado na Figura 2.10. Ele consiste em um simples tubo de vidro aberto no topo e ligado diretamente ao reservatório que se deseja determinar a pressão (Munson et al., 2012).

A medida de pressão nesse tipo de manômetro é realizada pelo centro da tubulação, e a altura da coluna de líquido é a carga de pressão $\left(h = \dfrac{p}{\Upsilon}\right)$. Por meio da carga de pressão e do peso específico do fluido, podemos determinar a pressão.

Figura 2.10 – Manômetro piezômetro

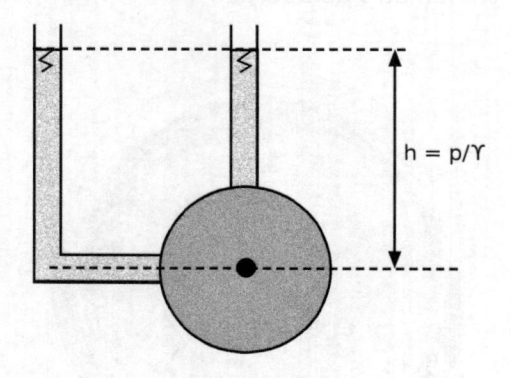

$h = p/\Upsilon$

Fonte: Brunetti, 2008, p. 27.

Como destaca Vilanova (2011, p. 22),

> Esse tipo de manômetro só pode ser utilizado para medição de pressão em reservatórios com líquidos e nunca com gases, pois estes sairiam pela extremidade aberta e se perderiam na atmosfera. As pressões manométricas a serem medidas devem ser positivas e não podem ser muito elevadas, de modo que a coluna de líquido não apresente uma altura muito elevada, pois

isso não é razoável para a sua construção nem para a obtenção das leituras.

A fim de corrigir essas restrições relacionadas ao piezômetro, desenvolveu-se o tubo em forma de U (Figura 2.11).

Para determinar medidas de pressão de um gás ou de um fluido com alta pressão, no tubo em forma de U, utiliza-se o chamado *fluido manométrico*, que é um fluido que não reage com o fluido do processo e é denso o suficiente, evitando que a pressão jogue o fluido para fora do sistema, como poderia ocorrer no piezômetro.

Figura 2.11 – Manômetro de tubo em U

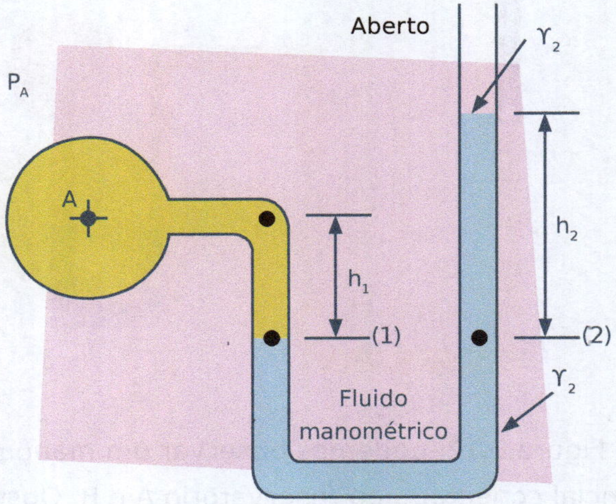

Fonte: Vilanova, 2011, p. 24.

O manômetro de tubo em U permite também determinar a diferença de pressão entre dois reservatórios, passando a ser chamado de *manômetro diferencial*. Para um manômetro diferencial, conectarmos ambas as extremidades do manômetro a reservatórios distintos, como ilustrado na Figura 2.12. Segundo Brunetti (2008), a equação que permite determinar, por meio do manômetro diferencial, a diferença de pressão entre dois reservatórios é chamada de *equação manométrica*.

Figura 2.12 – Manômetro diferencial

Na Figura 2.12, podemos observar um manômetro diferencial conectado ao reservatório A e B. Observe que nesse manômetro estão diferentes tipos de fluidos, diferenciados pela intensidade de cinza.

Podemos obter a diferença de pressão entre A e B pela equação manométrica. Para isso, devemos somar a pressão correspondente a cada fluido no manômetro. Vamos determinar a equação manométrica para o manômetro anterior, assim como a diferença de pressão $P_B - P_A$. Assim, vamos seguir o ponto branco no manômetro, que sai de A até B, como mostra a Figura 2.12, e determinar sua pressão em cada posição.

Vamos estabelecer que, à medida que o ponto dentro do manômetro se move no sentido de cima para baixo, somaremos a pressão, pois quanto maior a profundidade, maior a pressão; logo, essa pressão deve ser adicionada à equação manométrica. Quando o sentido for de baixo para cima, subtrairemos, porque quando estamos subindo de nível, estamos diminuindo a altura de coluna de líquido e, consequentemente, diminuindo a pressão.

Inicialmente, estamos no reservatório A (ponto 1), de pressão P_a; em seguida, o ponto desce para a posição 2, como ocorreu uma diferença de altura da coluna de líquido em relação ao ponto inicial, temos uma nova pressão, que será, de acordo com a Equação 2.15, o produto entre o peso específico do fluido e a altura ($\Upsilon_2 h_2$); essa pressão deve ser somada (ocorreu um aumento de profundidade) a P_a, ponto em que iniciamos, então:

$$Pa + \Upsilon_2 h_2$$

Depois, vamos sair da posição 2 para a posição 3, como é possível observar na Figura 2.12. Novamente alteramos a altura e o fluido, e a pressão será o peso específico do fluido vezes a nova altura ($\Upsilon_3 h_3$), de modo que nossa equação agora será:

Equação 2.19

$$Pa + \Upsilon_2 h_2 + \Upsilon_3 h_3$$

Uma vez que, quando saímos da posição 2 para a 3 o sentido foi de baixo para cima, somamos a pressão na posição 3, como mostrado na Equação 2.19. Da posição 3, seguimos para posição 4 no manômetro. Observe que o fluido e o nível (altura) são os mesmos. A distância horizontal entre pontos de um mesmo fluido não interfere na pressão, assim, o ponto na posição 4 tem pressão igual ao ponto na posição 3, não sendo necessária ser acrescida mais uma vez em nossa equação manométrica.

Na posição 5, temos outro fluido e nova altura. Note que, quando saímos da posição 4 para posição 5, o sentido foi de baixo para cima, de modo que devemos subtrair a pressão na posição 5, que será $\Upsilon_5 h_5$. Obtemos, então:

Equação 2.20

$$Pa + \Upsilon_2 h_2 + \Upsilon_3 h_3 - \Upsilon_5 h_5$$

Na posição 6, teremos a pressão $-\Upsilon_6 h_6$. Lembre que o sinal negativo se deve ao fato de que, ao sair da posição 5 para a 6, o sentido foi de baixo para cima. Com isso, a equação manométrica passa a ser:

Equação 2.21

$$Pa + \Upsilon_2 h_2 + \Upsilon_3 h_3 - \Upsilon_5 h_5 - \Upsilon_6 h_6$$

Na posição 7, na qual temos um novo fluido e uma nova altura h_7, a pressão será $+\Upsilon_7 h_7$, logo:

Equação 2.22

$$Pa + \Upsilon_2 h_2 + \Upsilon_3 h_3 - \Upsilon_5 h_5 - \Upsilon_6 h_6 + \Upsilon_7 h_7$$

Saindo da posição 7 para a posição 8, a pressão será $-\Upsilon_8 h_8$ peso específico do fluido vezes a altura (da posição 7 à posição 8). A equação manométrica torna-se:

Equação 2.23

$$Pa + \Upsilon_2 h_2 + \Upsilon_3 h_3 - \Upsilon_5 h_5 - \Upsilon_6 h_6 + \Upsilon_7 h_7 - \Upsilon_8 h_8$$

Finalmente, ao passarmos para a posição 9, chegamos no segundo reservatório (B) e toda a Equação 2.23 é igual à pressão em B, ou seja:

Equação 2.24

$$Pa + \Upsilon_2 h_2 + \Upsilon_3 h_3 - \Upsilon_5 h_5 - \Upsilon_6 h_6 + \Upsilon_7 h_7 - \Upsilon_8 h_8 = P_b$$

Essa é a equação manométrica para o manômetro apresentado na Figura 2.12. Podemos determinar a equação manométrica de qualquer manômetro diferencial com o procedimento acima descrito, bem como a diferença de pressão entre A e B, pois, se na Equação 2.24 passarmos P_a para o segundo membro, vamos obter $P_b - P_a$.

Equação 2.25

$$\Upsilon_2 h_2 + \Upsilon_3 h_3 - \Upsilon_5 h_5 - \Upsilon_6 h_6 + \Upsilon_7 h_7 - \Upsilon_8 h_8 = P_b - P_a$$

Podemos também encontrar $P_a - P_b$ se, na Equação 2.23, passarmos P_b para o primeiro membro e todos os termos com exceção de P_a para o segundo membro:

Equação 2.26

$$P_a - P_b = -\Upsilon_2 h_2 - \Upsilon_3 h_3 + \Upsilon_5 h_5 + \Upsilon_6 h_6 - \Upsilon_7 h_7 + \Upsilon_8 h_8$$

Exercício resolvido

Em uma indústria, existem dois reservatórios, um com água (A) e outro com óleo (B). Pretende-se determinar a diferença de pressão entre os dois reservatórios. Para isso, o engenheiro responsável conecta entre os dois reservatórios um manômetro com um fluido manométrico entre eles, como mostra a figura a seguir.

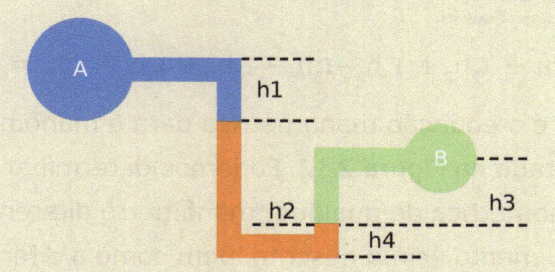

O reservatório A contém água e o reservatório B um óleo, entre os dois fluidos encontra-se um fluido manométrico, o mercúrio. As alturas h_1, h_2, h_3 e h_4 são 15 cm, 90 cm, 75 cm e 8 cm, respectivamente. Sabendo que o peso específico da água é 10.000 N/m³, o peso específico do mercúrio é 136.000 N/m³ e a massa específica do óleo contido no reservatório B é 750 kg/m³, determine a diferença de pressão $P_A - P_B$.

a) −118,275 kPa
b) 118,275 Pa
c) −118.275 kPa
d) 118.275 kPa
e) −118,275 Pa

Gabarito: a

Resolução: Inicialmente, vamos verificar as unidades dos dados fornecidos no problema. Observe que os únicos dados que não apresentam unidades de media no sistema internacional de unidades são as alturas h_1, h_2, h_3 e h_4.

Como 1 centímetro equivale a 0,01 metros:

$$h_1 = 15 \text{ cm} \left(\frac{0,01 \text{ m}}{1 \text{ cm}} \right) = 0,15 \text{ m}$$

$$h_2 = 90 \text{ cm} \left(\frac{0,01 \text{ m}}{1 \text{ cm}} \right) = 0,9 \text{ m}$$

$$h_3 = 75 \text{ cm} \left(\frac{0,01 \text{ m}}{1 \text{ cm}} \right) = 0,75 \text{ m}$$

$$h_4 = 8 \text{ cm} \left(\frac{0,01 \text{ m}}{1 \text{ cm}} \right) = 0,08 \text{ m}$$

Agora, vamos determinar a equação manométrica para esse manômetro com a finalidade de descobrir a diferença de pressão $P_a - P_b$. Vamos sair do reservatório A até o reservatório B, descer do nível A e descer até a altura h_1, em seguida, vamos descer até o nível h_2, subir h_3 e chegar até o reservatório B.

No reservatório A, a pressão é Pa, ao descer para o nível h_1, como a altura se altera, ocorre mudança de pressão, em h_1, de acordo com o a lei de Stevin, a pressão será $P_1 = \Upsilon_1 h_1$. O fluido é a água, logo, o peso específico a ser considerado é $\Upsilon_1 = \Upsilon_{H_2O}$.

Como descemos o nível no sentido de cima para baixo, temos:

$$Pa + \Upsilon_{H_2O} h_1$$

Ao descermos de h_1 até h_2, teremos a pressão P_2, que será igual ao produto da altura (h_2) pelo peso específico do fluido ($\Upsilon_2 h_2$). O fluido já não é mais a água, e sim o mercúrio, então $\Upsilon_1 = \Upsilon_{Hg}$. Como o sentido que mudamos de nível foi de cima para baixo, adicionamos $\Upsilon_{H_2O} h_2$ · a Pa + $\Upsilon_{H_2O} h_1$, obtendo:

$$Pa + \Upsilon_{H_2O} h_1 + \Upsilon_{Hg} h_2$$

Em seguida, subimos do nível h_2 para o h_3, e o fluido agora é o óleo, então devemos considerar o peso específico do óleo, e como o sentido foi de baixo para cima, a pressão será $-\Upsilon_{óleo} h_3$, portanto:

$$Pa + \Upsilon_{H_2O} h_1 + \Upsilon_{Hg} h_2 - \Upsilon_{óleo} h_3$$

Que será igual a pressão no reservatório B, então, a equação manométrica do sistema em questão será:

$$Pa + \Upsilon_{H_2O}h_1 + \Upsilon_{Hg}h_2 - \Upsilon_{óleo}h_3 = Pb$$

Como o objetivo é encontrar a diferença de pressão $Pa - P_b$, passamos Pb para o primeiro membro e os demais elementos do primeiro membro, com exceção de Pa, para o segundo membro, obtendo a equação para determinar essa diferença:

$$P_a - P_b = -\Upsilon_{H_2O}h_1 - \Upsilon_{Hg}h_2 + \Upsilon_{óleo}h_3$$

Como já temos todos os outros dados da equação, precisamos apenas descobrir o peso específico do óleo, que pode ser obtido por sua massa específica, fornecida no exercício. O peso específico do óleo é igual ao produto de sua massa específica pela aceleração da gravidade, considerando a aceleração da gravidade 10 m/s²:

$$\Upsilon_{óleo} = \rho_{óleo} g$$

$$\Upsilon_{óleo} = (750)(10) = 7500 \text{ N/m}^3$$

Podemos, agora, substituir todos os valores na equação de $P_a - P_b$ encontrada e determinar essa diferença:

$$P_a - P_b = -(10000)(0,15) - (136000)(0,9) + (7500)(0,75)$$

$$P_a - P_b = -118275 \text{ Pa} = -118,275 \text{ kPa}$$

Cinemática dos fluidos: tipos de escoamento e vazão

3

Conteúdos do capítulo:

- Trajetória e linha de corrente.
- Classificação do escoamento dos fluidos.
- Experimento de Reynolds.
- Número de Reynolds.
- Vazão volumétrica.
- Vazão mássica.
- Velocidade média na seção.

Após o estudo deste capítulo, você será capaz de:

1. conceituar linha de trajetória, linha de corrente e linha de emissão;
2. compreender a classificação do escoamento dos fluidos de acordo com suas características;
3. entender o experimento realizado por Reynolds para quantificar os escoamentos laminar e turbulento;
4. identificar o número de Reynolds e utilizá-lo para determinar se um escoamento é laminar, turbulento ou de transição;
5. conceituar vazão volumétrica, vazão mássica e vazão em peso e determiná-las em um escoamento;
6. compreender o conceito de velocidade média em uma seção.

Neste capítulo, abordaremos uma área da mecânica dos fluidos voltada ao movimento de um fluido, a cinemática dos fluidos. A cinemática dos fluidos estuda o escoamento dos fluidos e classifica-os de acordo com as características. Essa área também determina as equações associadas ao escoamento, assim como o cálculo de vazão e a velocidade com a qual o fluido escoa.

Na cinemática dos fluidos, estes são classificados de acordo com características em comum para que seja possível estudá-los em grupos. O escoamento pode ser compressível ou incompressível, externo ou interno, viscoso ou não viscoso, permanente ou não permanente, laminar ou turbulento. Estudaremos cada escoamento em particular, bem como suas características, e explicaremos, mediante um número adimensional, denominado *número de Reynolds*, como determinar quando certo escoamento é laminar ou turbulento.

Além disso, apresentaremos algumas quantidades cinéticas de extrema importância para o estudo do escoamento dos fluidos: vazão volumétrica, vazão mássica, vazão em peso e velocidade média de escoamento.

3.1 Cinemática dos fluidos: conceitos básicos

Existe um ramo da mecânica dos fluidos voltado ao estudo do fluido em movimento, ou seja, o comportamento dele quando está escoando, a cinemática dos fluidos.

A cinemática dos fluidos descreve o movimento dos fluidos, identificando-o e classificando-o de acordo com suas características. Ao estudar o escoamento dos fluidos, é possível determinar equações associadas ao escoamento, calcular a vazão e a velocidade com a qual o fluido escoa.

De acordo com Fox, Pritchard e Mcdonald (2010), no escoamento dos fluidos, os aspectos mais difíceis de serem estudados são referentes à viscosidade dos fluidos e à incompressibilidade. Porém, a classificação é realizada de acordo com diversas características do escoamento, além das forças viscosas e de compressibilidade.

Na Figura 3.1, podemos observar que as classificações dos fluidos é feita de acordo com vários critérios. Segundo Çengel e Cimbala (2012), eles são classificados de acordo com características em comum para que seja possível estudá-los em grupos. Das categorias apresentadas na Figura 3.1, estudaremos as mais gerais e importantes.

Figura 3.1 – Classificação do escoamento dos fluidos

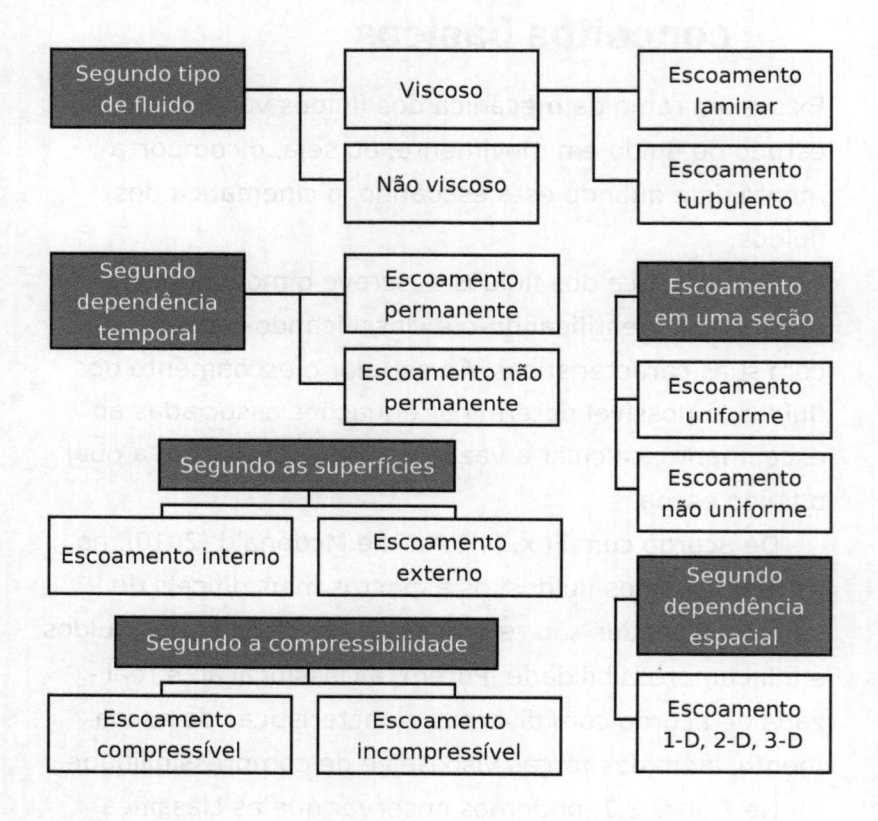

- Segundo tipo de fluido
  - Viscoso
    - Escoamento laminar
    - Escoamento turbulento
  - Não viscoso

- Segundo dependência temporal
  - Escoamento permanente
  - Escoamento não permanente

- Segundo as superfícies
  - Escoamento interno
  - Escoamento externo

- Segundo a compressibilidade
  - Escoamento compressível
  - Escoamento incompressível

- Segundo dependência espacial
  - Escoamento em uma seção
  - Escoamento uniforme
  - Escoamento não uniforme
  - Escoamento 1-D, 2-D, 3-D

Fonte: Alé, 2011, p. 5.

Antes de iniciarmos o estudo do escoamento dos fluidos e suas classificações, vamos tratar de dois conceitos importantes para o entendimento e a representação de escoamento: (1) trajetória e (2) linha de corrente.

Imagine um carro saindo de uma cidade A para uma cidade B, todos os pontos em instantes sucessivos que o carro passou ao sair de A até B é a trajetória do carro, essa analogia pode ser utilizada para descrever o que é a trajetória da partícula de um fluido. De acordo com Livi (2004), a trajetória da partícula de um fluido é o caminho percorrido pela partícula.

De forma experimental, é possível definir a trajetória como um traçado colocado no fluido e seguido em um certo tempo no decorrer do escoamento. Esse traçado pode ser identificado no escoamento e não interfere no movimento do fluido.

Para visualizar o conceito de trajetória, imagine um rio e uma partícula do fluido, imagine que essa partícula é um corpo flutuante colocado no rio e que muda de posição com o passar do tempo, pois é levado pela correnteza. A Figura 3.2 ilustra a situação.

Figura 3.2 – Trajetória de uma partícula

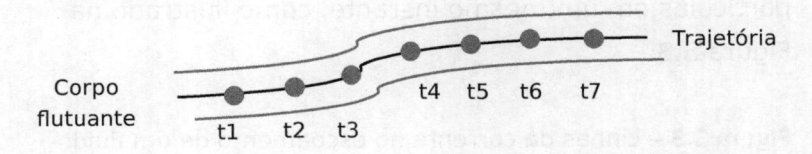

Fonte: Brunetti, 2008, p. 70.

Observe que a partícula (o corpo flutuante) representada na Figura 3.2 muda de posição a cada instante, ou seja, em t1 ela está em uma posição, em t2 em outra, e assim por diante. Se ligarmos os pontos que indicam a posição da partícula a cada instante de tempo, teremos sua trajetória, logo, a trajetória nada mais é do que o trajeto que a partícula faz ao longo do escoamento. Diante disso, segundo Çengel e Cimbala (2012), podemos concluir que a trajetória, ou linha de trajetória, é o trajeto real que uma partícula de um fluido percorre em determinado período de tempo.

Outra questão interessante e importante ao estudarmos o movimento do fluido refere-se à observação da velocidade das partículas dos fluidos. Isso é possível ao observarmos as linhas de corrente que, de acordo com Alé (2011), são as linhas que unem os pontos de velocidades das partículas dos fluidos.

Uma linha de corrente é a linha tangente aos vetores velocidade de diferentes partículas em um mesmo instante (Brunetti, 2008). Note que, diferentemente da trajetória, na qual observamos uma partícula do fluido em momentos sucessivos, aqui observamos diferentes partículas em um mesmo instante, como ilustrado na Figura 3.3.

Figura 3.3 – Linhas de corrente no escoamento de um fluido

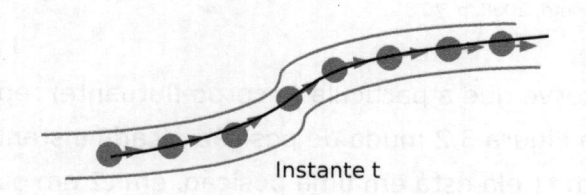

Instante t

A Figura 3.3 apresenta um fluido e as partícula dele em certo instante *t*. Cada partícula tem associada a ela um vetor velocidade, logo, mesmo que a velocidade seja constante, o vetor velocidade muda em razão da mudança de direção do movimento das partículas (para um vetor, levamos em consideração módulo, direção e sentido). Se juntarmos as linhas tangentes à velocidade, teremos a linha de corrente, representada pela linha preta na Figura 3.3.

No escoamento de um fluido, as linhas de corrente são úteis para indicar a direção do movimento do fluido, pois, por meio delas, é possível identificar com facilidade as regiões de escoamento de recirculação e de separação de uma parte sólida, por exemplo (Çengel; Cimbala, 2012). Quando um fluido escoa em regime permanente, as linhas de corrente e a trajetória coincidem.

? O que é?

Um regime permanente é aquele no qual o fluido escoa e suas propriedades permanecem constantes com o passar do tempo, ou seja, densidade, pressão e velocidade, entre outras propriedades, não se alteram.

Quando o fluido escoa em uma superfície sólida, como um cilindro, não há escoamento através da superfície (em virtude da condição do não escorregamento). Nessas condições, as linhas de corrente são paralelas à fronteira sólida.

O fluido e as linhas de corrente de um fluido não se cruzam, uma vez que o fluido se move na mesma direção das linhas de corrente. Além disso, as linhas de corrente do fluido não se cruzam, pois é impossível ter duas velocidades diferentes no mesmo ponto. Vale destacar que uma partícula que inicia em uma linha de corrente permanece nela até o final do escoamento (Alé, 2011).

Para simplificar a análise do escoamento dos fluidos, podemos considerar apenas uma parte do fluido e do escoamento. Uma superfície circular formada por linhas de corrente, na qual o fluido escoa, é denominada *tubo de corrente*.

Um tubo de corrente (Figura 3.4) é uma superfície tubular constituída por linhas de corrente que se apoiam em uma linha geométrica fechada qualquer.

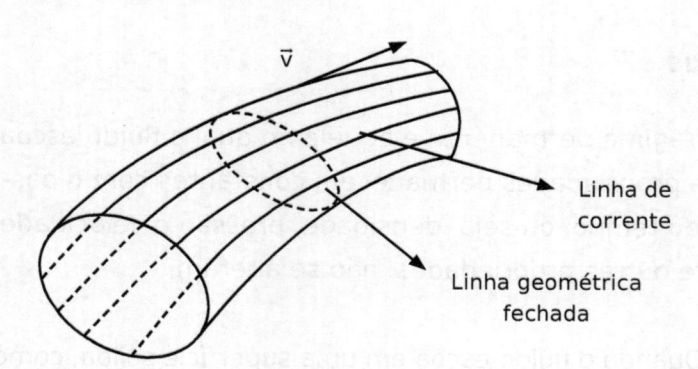

Figura 3.4 – Tubo de corrente

Fonte: Brunetti, 2008, p. 70.

Os tubos de corrente são fixos quando o escoamento ocorre em regime permanente, sendo impermeáveis à passagem de massa, ou seja, as partículas do fluido não atravessam as paredes do tubo.

Além dos conceitos de trajetória e de linha de corrente, um outro conceito importante e relacionado ao escoamento dos fluidos é a *linha de emissão*. A linha de emissão é a linha formada a partir de todas as partículas que passaram anteriormente por um ponto fixo.

Também denominada *linha de rastro*, a linha de emissão é o lugar geométrico ocupado pelas partículas de um fluido que passaram pelos pontos dessa linha em um tempo anterior (passado).

De acordo com Alé (2011) e Çengel e Cimbala (2012), as linhas de emissão nada mais são do que o conjunto formado pelas posições das partículas que compõem o fluido e que passaram em sequência por um ponto predeterminado do escoamento.

Figura 3.5 – Linha de emissão

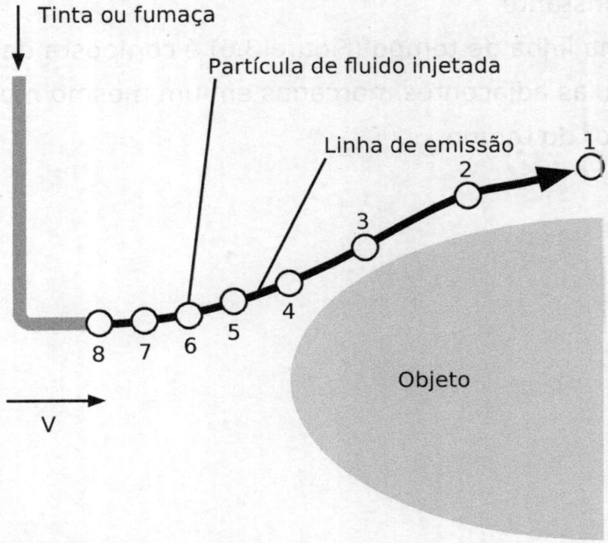

Fonte: Çengel; Cimbala, 2012, p. 1.

Essas linhas são um padrão comum gerado por experimentos físicos. Podemos observar uma linha de emissão ao inserirmos em um tubo pequeno uma corrente de fluido com um sinalizador, ou seja, uma tinta ou um corante, como apresentado na Figura 3.5. O padrão observado na linha de fluido sinalizador é justamente uma linha de emissão (Çengel; Cimbala, 2012).

De acordo com Çengel e Cimbala (2012), o que difere a linha de emissão da linha de corrente é o fato de que esta representa o padrão do escoamento instantâneo em um instante de tempo, já as linhas de corrente e trajetória levam em consideração o histórico do tempo, e não determinado instante.

Existem ainda as linhas de tempo, consideradas em análises de escoamento dos fluidos. *Linha de tempo* é a linha constituída pelas partículas de fluido adjacentes a certo instante.

Uma linha de tempo (Figura 3.6) é composta de partículas adjacentes marcadas em um mesmo momento anterior do tempo.

Figura 3.6 – Linha de tempo

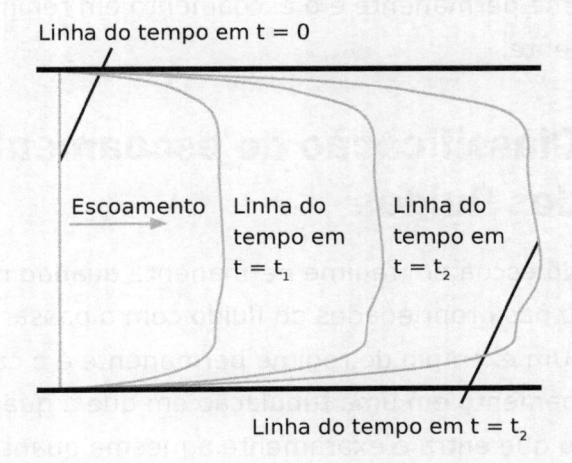

```
        Linha do tempo em t = 0

Escoamento    Linha do        Linha do
   →          tempo em        tempo em
              t = t₁          t = t₂

                              Linha do tempo em t = t₂
```

Fonte: Çengel; Cimbala, 2012, p. 115.

Na Figura 3.6, vemos as linhas de tempo do escoamento em um canal e entre duas placas paralelas. Note que, na parede, a velocidade do escoamento é nula, em decorrência da condição do não escorregamento estudada nos capítulos anteriores. Além disso, as linhas de tempo são ancoradas nas posições iniciais. Já longe das paredes, as linhas de tempo deformam-se, pois partículas de fluido marcadas movimentam-se com a velocidade local do fluido.

Diante do conhecimento dos conceitos básicos relacionados ao escoamento dos fluidos estudados anteriormente, podemos iniciar o estudo do escoamento dos fluidos e suas classificações. Uma das classificações dos fluidos é referente à mudança ou não de suas propriedades com o passar do tempo: o escoamento em regime permanente e o escoamento em regime não permanente.

3.2 Classificação do escoamento dos fluidos

Um fluido escoa em regime permanente quando não há variação nas propriedades do fluido com o passar do tempo. Um exemplo de regime permanente é o caso de um escoamento em uma tubulação em que a quantidade de fluido que entra é exatamente a mesma quantidade de fluido que sai. Nesse tipo de escoamento, a velocidade é constante, de modo que as linhas de corrente não se alteram em função do tempo.

Vale destacar que as propriedades podem variar ao longo do escoamento. Por exemplo, em um escoamento que tem uma seção 1 e uma seção 2, a pressão na seção 1 será diferente da pressão na seção 2, assim como a velocidade e as demais propriedades podem ter valores diferentes nas duas seções. No entanto, se as propriedades em cada seção não mudarem com o tempo, teremos um regime permanente. Já quando em nenhum ponto do fluido ocorre variação das propriedades, esse escoamento é uniforme.

No exemplo de regime permanente comentado anteriormente, com o passar do tempo, todas as propriedades do fluido em cada ponto dele permanecem as mesmas. Note ainda que a velocidade em cada ponto é diferente (porém constante em cada ponto).

Quando, ao contrário do que ocorre no regime permanente, ocorre uma variação nas propriedades do fluido com o passar do tempo, chamamos o regime de *escoamento não permanente*. Um exemplo é um reservatório com um furo; o fluido contido nesse recipiente escoa e suas propriedades variam com o passar do tempo, como o exemplo presente na Figura 3.7.

Figura 3.7 – Escoamento não permanente.

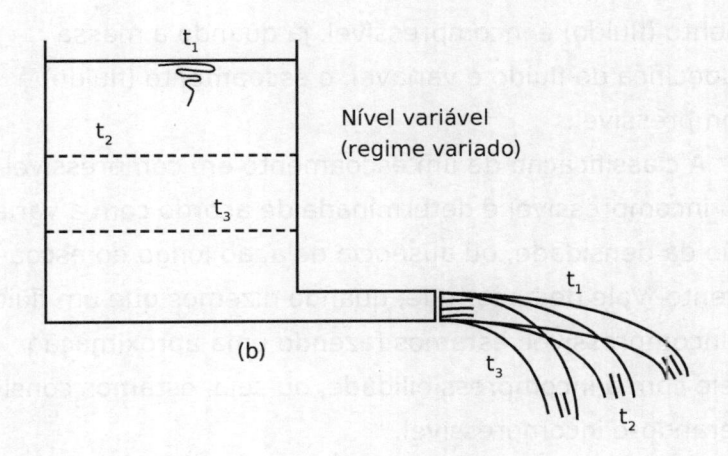

Fonte: Brunetti, 2008, p. 68.

Exemplificando

Imagine determinada seção com regime permanente. A pressão nessa seção é de 10 bar. Se, em 10 minutos, formos verificar a pressão dessa seção, veremos que a pressão continuará 10 bar. Se verificarmos daqui a uma hora, dois dias, uma semana etc., a pressão continuará 10 bar, pois o regime é permanente, ou seja, as propriedades em cada seção não mudam. Aqui exemplificamos com pressão, mas todas as propriedades do fluido permanecem invariáveis em função do tempo.

Os fluidos e seu escoamento podem ainda ser classificados no tocante a sua massa específica. Quando a massa específica do fluido é constante, o escoamento (fluido) é incompressível, já quando a massa específica do fluido é variável, o escoamento (fluido) é compressível.

A classificação de um escoamento em compressível ou incompressível é determinada de acordo com a variação da densidade, ou ausência dela, ao longo do escoamento. Vale destacar que, quando dizemos que um fluido é incompressível, estamos fazendo uma aproximação dele com a incompressibilidade, ou seja, estamos considerando-o incompressível.

Sob condições de escoamento permanente, e considerando que as mudanças de pressão sejam pequenas, é possível simplificar a análise do fluxo considerando o fluido como incompressível e com massa específica constante (ρ = cte). Os líquidos são difíceis de comprimir e na maioria das condições em regime permanente são tratados como incompressíveis. Em algumas condições não estacionárias podem ocorrer diferenças muito altas de pressão, sendo necessário levar em conta a compressibilidade nos líquidos. Os gases, ao contrário, são facilmente comprimidos, sendo tratados como fluidos compressíveis, levando em consideração as mudanças de pressão e temperatura $\rho = f(P,T)$. O ar, por exemplo, é um gás tratado como compressível quando trabalha em compressores e incompressível quando utilizado em ventiladores. (Alé, 2011, p. 9)

Em um escamento incompressível, não há variação significativa na densidade do fluido ao longo do escoamento. Dessa forma, consideramos que sua densidade é constante; no entanto, quando a variação da densidade do fluido ao longo do escoamento é significativa e deve ser levada em consideração, dizemos que o escoamento é compressível.

Outra forma de classificar um fluido é em relação a sua viscosidade. Um fluido é nomeado *viscoso* quando suas forças viscosas são significativas, entretanto, quando as forças viscosas de determinado fluido são relativamente insignificantes em relação a outras forças nele atuantes, o fluido é denominado *não viscoso*.

Quando estudamos as propriedades dos fluidos e uma propriedade em partículas, a viscosidade, tomamos conhecimento das forças viscosas. Em alguns fluidos, essas forças viscosas são tão pequenas que podemos desprezá-las, nesses casos, quando, em um escoamento, essas forças são desprezíveis, o escoamento é denominado *não viscoso*. Já quando essas forças são significantes, o escoamento é intitulado *viscoso*.

Os escoamentos dos fluidos também podem ser classificados conforme a superfície na qual ocorrem, sendo internos ou externos.

Um escoamento interno é aquele que ocorre no interior de uma tubulação, e o escoamento externo é o que acontece sobre a superfície.

> O escoamento sem limitação de um fluido sobre uma superfície, tal como uma placa, um arame ou um cano, é um escoamento externo. O escoamento num tubo ou ducto é um escoamento interno se o fluido estiver inteiramente limitado por superfícies sólidas. O escoamento de água no cano, por exemplo, é um escoamento interno, e o escoamento de ar sobre uma bola [...] é um escoamento externo. Os escoamentos internos são dominados pela influência da viscosidade em todo o campo do escoamento. Os escoamentos internos são dominados pela influência da viscosidade em todo o campo de escoamento. Nos escoamentos externos, os efeitos viscosos estão restritos às camadas-limites próximas das superfícies sólidas e às regiões de esteira a jusante dos corpos (Çengel; Cimbala, 2012, p. 9)

Exercício resolvido

Em uma tubulação circular, um fluido é transportado de um local para outro. A figura a seguir apresenta o diagrama do escoamento do fluido no interior da tubulação, assim como o perfil de velocidade do escoamento. Sabendo que as propriedades do fluido não variam de uma seção para outra, podemos constatar que o referido escoamento é:

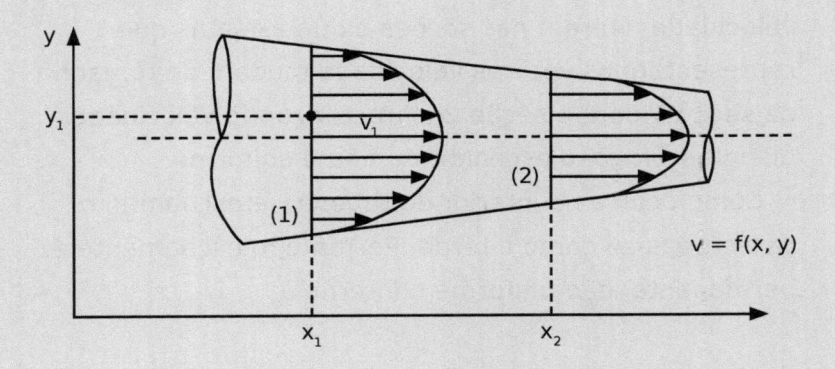

Fonte: Brunetti, 2008, p. 71.

a) permanente, não uniforme e interno.
b) não permanente, uniforme e interno.
c) permanente, não uniforme e interno.
d) não permanente, uniforme e interno.
e) não permanente, uniforme e externo.

Gabarito: c
Resolução: No problema, é dito que as propriedades do fluido que está escoando não se alteram ao longo do

escoamento. Isso significa que, de uma seção para outra, as propriedades podem variar. Contudo, em cada seção, as propriedades permanecem as mesmas com o passar do tempo, uma característica de um escoamento permanente em que não há variação nas propriedades do fluido com o passar do tempo.

Se observarmos a figura, podemos verificar as seções 1 e 2 do escoamento e seus respectivos diagramas de velocidade. Note que os diagramas de velocidade diferem nas seções e que as setas que representam os vetores velocidade mudam de tamanho da seção 1 para a seção 2, caracterizando velocidades distintas – logo, o escoamento não é uniforme.

Como ocorre no interior do tubo, esse escoamento caracteriza-se como interno. Portanto, o escoamento é permanente, não uniforme e interno.

Consideramos ainda as coordenadas espaciais que descrevem as propriedades e a velocidade de escoamento do fluido, o qual pode ser uni, bi ou tridimensional.

A classificação do escoamento em uni, bi ou tridimensional é realizada de acordo com o número de coordenadas espaciais que descrevem a velocidade de escoamento do fluido.

Um campo de escoamento é melhor caracterizado pela distribuição de velocidade e desse modo o escoamento é dito uni, bi ou tridimensional se a velocidade do escoamento varia basicamente em uma, duas ou três dimensões, respectivamente. Um típico escoamento de fluidos envolve geometria tridimensional [...]. Entretanto, a variação de velocidade em certas direções pode ser pequena em relação à variação em outras direções e pode ser ignorada [...]. Nesses casos, o escoamento pode ser convenientemente modelado como uni ou bidimensional, o que é mais fácil de analisar. (Çengel; Cimbala, 2012, p. 12)

Quando apenas uma coordenada é suficiente para descrever a velocidade do fluido ao longo do escoamento – observe a Figura 3.8, na qual apenas a coordenada x descreve as propriedades do fluido –, este é denominado *unidimensional*.

Figura 3.8 – Escoamento unidimensional

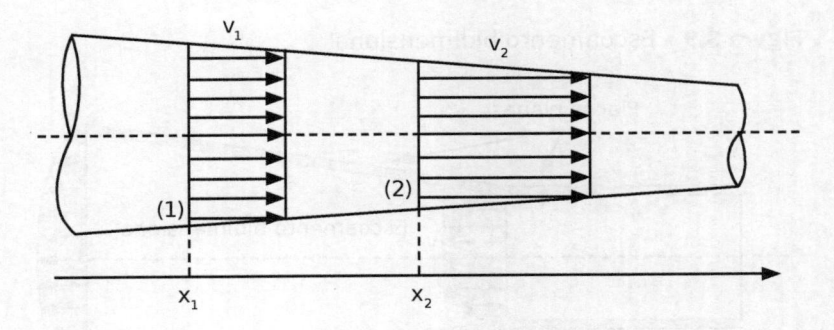

Fonte: Brunetti, 2008, p. 71.

De acordo com Brunetti (2008), para que o escoamento seja unidimensional, a velocidade do fluido em cada seção deve ser constante. Na Figura 3.8, a velocidade tanto na seção 1 quanto na seção 2 é constante, sendo necessário apenas identificar seu valor em função da coordenada x para obtenção de sua variação ao longo do escoamento.

Quando a velocidade do fluido é função de duas coordenadas, como é possível observar nos exemplos da Figura 3.9, o escoamento é bidimensional.

Observe os gradientes de velocidade dos exemplos de escoamento presentes na figura. A velocidade em ambos os casos varia tanto em relação à coordenada x quanto em relação à coordenada y. Dessa forma, para determinarmos a variação de velocidade do fluido ao longo do escoamento, necessitamos de duas coordenadas. Assim, os escoamentos representados na Figura 3.9 são exemplos de escoamento bidimensional.

Figura 3.9 – Escoamento bidimensional

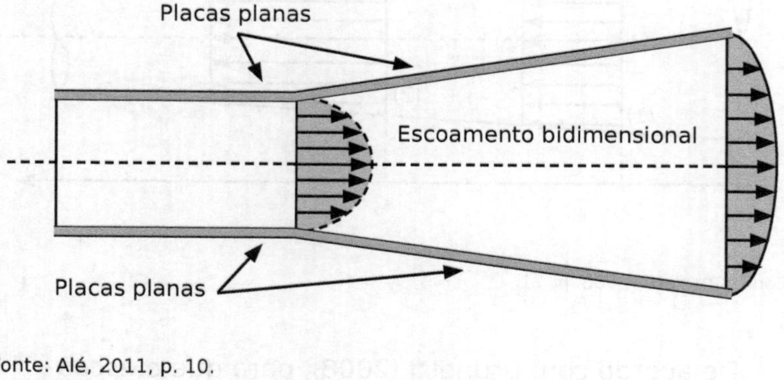

Fonte: Alé, 2011, p. 10.

Finalmente, nos casos em que necessitamos descrever a velocidade ao longo do escoamento com três coordenadas espaciais, temos um escoamento tridimensional (Figura 3.10). De maneira geral, os escoamentos trabalhados na prática são tridimensionais, porém, de acordo com Alé (2011), a maioria das variações ocorre em escoamentos bi e unidimensionais.

Figura 3.10 – Escoamento tridimensional

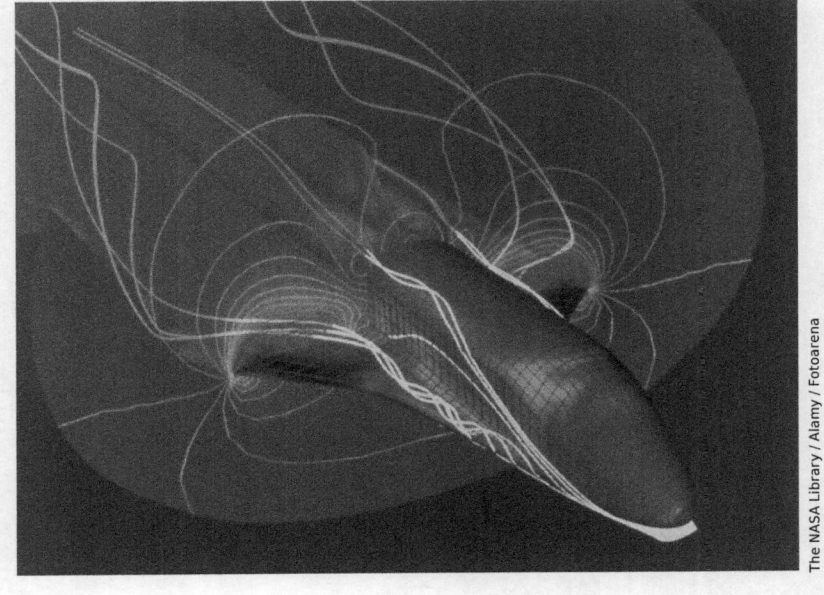

Ao observarmos o escoamento de um fluido, podemos verificar que, de acordo com as condições que o fluido escoa, seu escoamento pode ser suave e organizado ou desordenado. Por exemplo, quando abrimos uma torneira a uma vazão pequena, verificamos que a água escoa de forma suave, mas, ao abrir mais a torneira, aumentando sua vazão, notaremos que a água escoará de forma caótica e abrupta. Podemos classificar o escoamento como laminar de transição ou turbulento.

Quando as partículas do fluido escoam de forma ordenada, comportando-se como lâminas que se movem como se fossem camadas lisas e em uma direção preferencial e não ocorre um encontro entre as lâminas do fluido durante o escoamento, ou seja, não há mistura das partículas, o escoamento, é denominado *laminar*.

Segundo Alé (2011), a lei de Newton da viscosidade é válida para escoamentos em regime laminar, pois, nesses tipos de escoamento, a tensão de cisalhamento é proporcional ao gradiente de velocidade. Podemos observar essas características no escoamento laminar apresentado na Figura 3.11.

Figura 3.11 – Escoamento laminar, transitório e turbulento

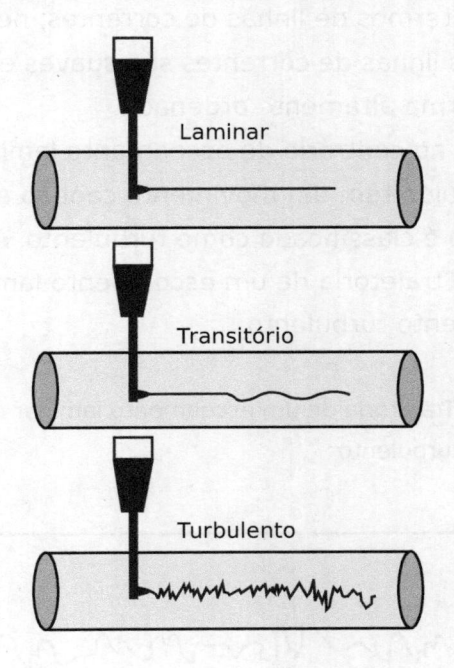

[Laminar]

[Transitório]

[Turbulento]

Fonte: Alé, 2011, p. 13.

No escoamento laminar, predominam-se os efeitos viscosos. Dessa forma, as quantidades físicas não sofrem variações significativas ao longo do escoamento, elas são muito suaves ou até mesmo nulas (Francisco, 2018).

Em síntese, dizemos que temos um escoamento laminar quando o escoamento do fluido se caracteriza por camadas suaves de fluido escoando. É como se tivéssemos vários subescoamentos, pois cada camada de fluido escoa de forma individualizada e organizada, não ocorrendo troca de massa entres elas.

Çengel e Cimbala (2012) classificam o escoamento laminar em termos de linhas de correntes; nessas condições, suas linhas de correntes são suaves e o fluido escoa de forma altamente ordenada.

Quando, ao contrário do escoamento laminar, as partículas do fluido têm um movimento caótico e aleatório, o escoamento é classificado como turbulento. A Figura 3.12 apresenta a trajetória de um escoamento laminar e de um escoamento turbulento.

Figura 3.12 – Trajetória de um escoamento laminar e de um escoamento turbulento

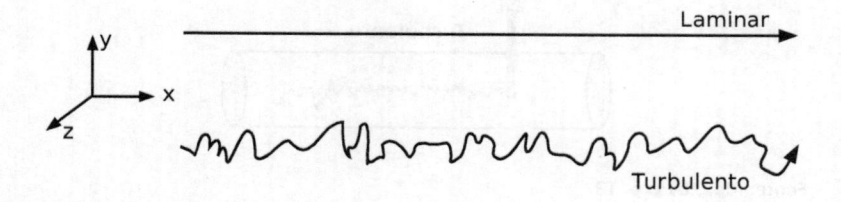

Fonte: Elaborado com base em Fox; Pritchard; McDonald, 2011.

A partir da trajetória do escoamento turbulento apresentado na Figura 3.12, podemos verificar que um escoamento turbulento é aquele em que as partículas do fluido realizam movimentos completamente desordenados e caóticos em todas as direções, o que, diferentemente do escoamento laminar, promove uma mistura entres as partículas ao longo do escoamento.

O escoamento turbulento é muito caótico, sendo difícil descrever suas propriedades sem utilizar um valor médio para elas. Além disso, no escoamento turbulento, os efeitos viscosos são mais significativos.

Para o escoamento turbulento, flutuações aleatórias e tridimensionais da velocidade transportam quantidade de movimento através das linhas de corrente do escoamento aumentando a tensão de cisalhamento efetiva. Desta forma, nos escoamentos turbulentos não existe uma relação universal entre o campo de tensões e o campo de velocidades. Utilizam-se aqui teorias semi-empíricas e dados experimentais. (Alé, 2011, p. 13)

Lembre do exemplo da torneira utilizado inicialmente para introduzirmos escoamento laminar e turbulento. Em uma vazão baixa, temos um movimento ordenado e, portanto, laminar; à medida que aumentamos a vazão, o escoamento torna-se turbulento. Contudo, um escoamento não passa diretamente de laminar para turbulento, há uma transição. Nesse ponto, o escoamento é chamado de *escoamento de transição*.

No escoamento de transição, a mudança entre os dois regimes não ocorre de forma súbita, mas sim em uma região onde acontecem flutuações dos dois regimes antes que o escoamento se torne totalmente turbulento.

Perguntas & respostas

O que são flutuações entre o regime laminar e o regime turbulento?

No regime de transição, o escoamento oscila entre escoamento laminar e escoamento turbulento, pois ocorrem flutuações entre os dois regimes até que o regime turbulento seja totalmente definido.

Osborne Reynolds (1842-1912) foi o pioneiro nos estudos e quantificação no tocante à ocorrência do escoamento laminar e turbulento. Em seu experimento, ele determinou em quais condições o escoamento é laminar, de transição ou turbulento (Livi, 2004). Classificamos o escoamento laminar e turbulento utilizando um número adimensional chamado de *número de Reynolds*, que expressa a razão entre as forças de inércia e as forças viscosas.

Em 1883, Reynolds publicou o experimento em tubo que apresentava a importância de um número adimensional (que levou seu nome como homenagem) para determinação dos escoamentos laminar e turbulento (White, 2011). O referido experimento, ilustrado na Figura 3.13, consistiu em um tubo transparente horizontal com um fluido escoando em seu interior com vazão controlada. Para visualizar o escoamento, no meio do tubo, foi injetado um filete de corante, que possibilitou a observação do movimento do fluido.

Ao realizar o referido experimento, Reynolds constatou que, em pequenas velocidades, o corante apresentava um movimento ordenado, sendo possível observá-lo como um filete ou uma lâmina de fluido, o que caracteriza um escoamento laminar (Figura 3.13b).

À medida que se aumentava a vazão e, consequentemente, a velocidade, o escoamento mudava de comportamento e o filete de corante começava a apresentar flutuações, caracterizando um escoamento de transição. Em velocidades cada vez maiores, o filete ficava cada vez mais instável até que ocorria o movimento caótico e, consequentemente, uma mistura macroscópica que caracteriza o movimento turbulento.

Figura 3.13 – Experimento de Reynolds

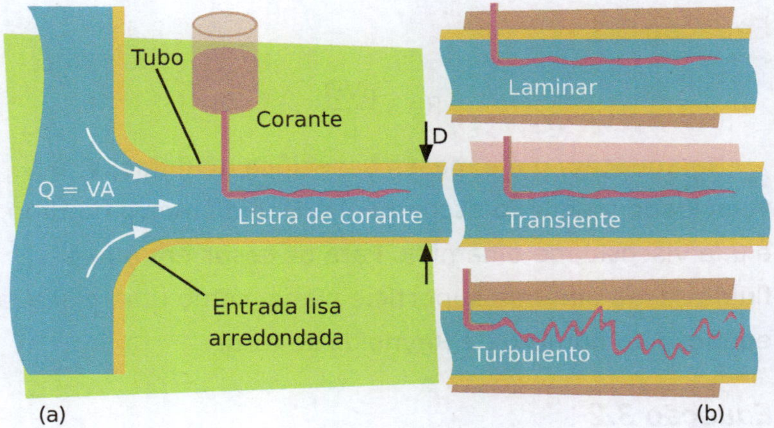

Fonte: Vilanova, 2011, p. 50.

Com esse experimento, Reynolds observou as condições e as variáveis do escoamento e em quais condições este seria laminar, de transição ou turbulento. Reynolds constatou que vários aspectos e condições influenciavam no escoamento e em sua transição de laminar para turbulento, mas determinou que dependia principalmente da velocidade, da geometria da tubulação, da massa específica e da viscosidade do fluido que está escoando.

Logo, para que fosse possível identificar quando um escoamento é laminar, de transição ou turbulento, Reynolds determinou um parâmetro adimensional relacionando às propriedades citadas. Esse parâmetro é conhecido como *número de Reynolds* (Re) (Vilanova, 2011). O número de Reynolds para tubos circulares é apresentado na Equação 3.1.

Equação 3.1

$$Re = \frac{\rho V D}{\mu}$$

Na equação, ρ é a massa específica do fluido, V, a velocidade média do escoamento, D, o diâmetro do tubo, e μ, a viscosidade dinâmica. Para os casos em que o fluido escoa em uma superfície plana, como uma placa, a equação do número de Reynolds se torna:

Equação 3.2

$$Re = \frac{\rho V L}{\mu}$$

Para a relação entre viscosidade dinâmica e viscosidade cinemática, temos a Equação 3.3.

Equação 3.3

$$\nu = \frac{\mu}{\rho}$$

Podemos expressar o número de Reynolds também em termos da viscosidade cinemática, tanto para escoamento em tubos circulares (Equação 3.4) quanto para escoamento em superfícies planas (Equação 3.5).

Equação 3.4

$$Re = \frac{\rho VD}{\nu} = \frac{VD}{\nu}$$

Equação 3.5

$$Re = \frac{\rho VL}{\nu} = \frac{VL}{\nu}$$

Na Tabela 3.1, podemos visualizar as faixas de valores de número de Reynolds correspondentes ao escoamento laminar, de transição e turbulento para tubos circulares.

Tabela 3.1 – Tipos de escoamento

Tipo de escoamento	Número de Reynolds
Laminar	2.300 < Re
Transição	2.300 < Re < 4.000
Turbulento	Re > 4.000

Quando o número de Reynolds é baixo, o trabalho realizado contra o atrito é predominante, já quando o número de Reynolds é grande, a energia cinética predomina no escoamento. Quando o escoamento é de um fluido ideal, ou seja, um fluido no qual desprezamos os efeitos viscosos, o número de Reynolds é infinito (Meira, 2018). Podemos dizer que o número de Reynolds é uma relação entre forças cinéticas e forças viscosas: quando as forças viscosas predominam, o número de Reynolds é baixo e prevalece o escoamento laminar; quando as forças cinéticas predominam, o número de Reynolds é alto e prevalece o regime turbulento.

O número de Reynolds no qual o escoamento passa a ser turbulento é chamado de *Reynolds crítico* (Re_{cr}). É possível ainda manter o regime laminar mesmo diante de um número de Reynolds muito alto, em condições muito controladas e para tubos muitos suaves.

De acordo com Coimbra (2015), quando o escoamento é sobre uma superfície plana, o Reynolds crítico, ou seja, o número de Reynolds em que o escoamento passa de laminar para turbulento é dado de acordo com a Equação 3.6, em que x é a distância ao longo da placa.

Equação 3.6

$$Re_{crit} = \frac{\rho V_0 x}{\mu} = 3,5 \cdot 10^5 \, a \, 10^6$$

Exercício resolvido

Em certa empresa, um óleo de massa específica 700 kg/m^3 e viscosidade 0,3 Pa · s é transportado em uma tubulação circular. A tubulação é pequena e apresenta diâmetro de 20 cm, mas o tubo consegue transportar o óleo a uma velocidade de 25 cm/s. De acordo com as condições do escoamento, podemos dizer que esse escoamento é:

a) turbulento, no qual predominam as forças dinâmicas.
b) laminar, no qual predominam as forças dinâmicas.
c) de transição, no qual predominam as forças dinâmicas.
d) laminar, no qual predominam as forças viscosas.
e) turbulento, no qual predominam as forças viscosas.

Gabarito: d

Resolução: Para determinarmos se um escoamento é laminar, de transição ou turbulento usamos o número de Reynolds. Como o escoamento acontece no interior de um tubo circular, a equação a ser utilizada é:

$$Re = \frac{\rho V D}{\mu}$$

Logo, para determinarmos o número de Reynolds referente a esse escoamento, necessitamos da massa específica do fluido, da velocidade de escoamento, do diâmetro do tubo e da viscosidade dinâmica. Perceba que todas essas informações foram fornecidas no problema, mas precisamos observar as unidades e se todas estão no sistema internacional de unidades.

Ao analisarmos os dados fornecidos, $\rho = 700$ kg/m³, $\mu = 0{,}3$ Pa · s, $D = 20$ cm, e $V = 25$ cm/s, observamos que o diâmetro e a velocidade média não apresentam unidades no sistema internacional de unidades. Devemos, então, fazer a conversão de diâmetro para metro e de cm/s para m/s para obtermos uma homogeneidade das unidades.

Como 1 cm equivale a 0,01 m, então:

$$D = (20\,cm)\left(\frac{0{,}01\,m}{1\,cm}\right) = 0{,}2$$

$$V = 25\left(\frac{cm}{s}\right)\left(\frac{0{,}01\,m}{1\,cm}\right) = 0{,}25\,m$$

Podemos agora substituir os valores na equação de número de Reynolds:

$$Re = \frac{(700\,kg/m^3)(0{,}25\,m)(0{,}2\,m)}{0{,}3(pa \cdot s)} = 116{,}7$$

Logo, como o número de Reynolds para o escoamento em questão foi abaixo de 2.300, o escoamento é laminar, no qual predominam as forças viscosas.

Na análise de fluidos em movimento, é importante determinarmos alguns valores relacionados a quantidades cinemáticas para descrevermos melhor o escoamento, como a vazão em volume, a vazão em massa e a velocidade média na seção.

3.3 Vazão volumétrica

De acordo com Francisco (2018), a vazão volumétrica, também denominada *vazão em volume*, é uma quantidade cinética importante e de interesse na cinemática dos fluidos. Ela está relacionada à rapidez de um fluido para preencher certo volume. Podemos dizer que a vazão volumétrica é a quantidade de volume que passa por um volume de controle em determinado tempo.

Para entender melhor, considere a tubulação presente na Figura 3.14, na qual está escoando para dentro de seu interior um fluido. Imagine que, em um instante t = 0, o fluido começa entrar na seção e, após 30 segundos, um volume de 5 litros passou pela tubulação. Essa seria a vazão em volume; em outras palavras, passa pela tubulação 5 litros de fluido em 30 segundos.

Figura 3.14 – Vazão em volume

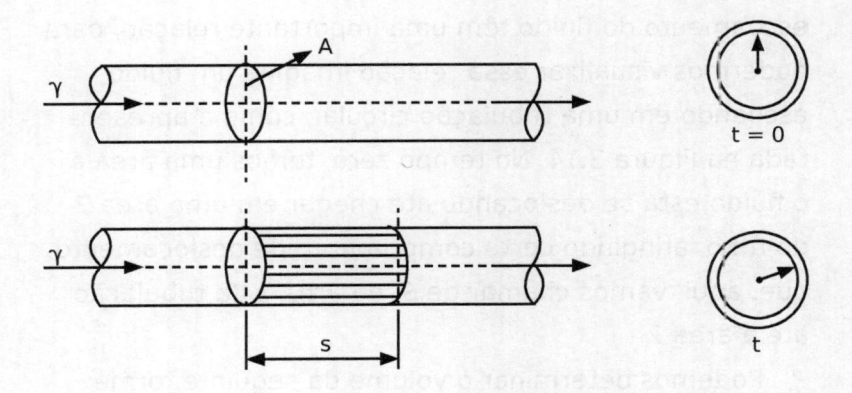

Fonte: Brunetti, 2008, p. 72.

Podemos definir a vazão volumétrica como a razão entre volume e tempo, ou seja, a vazão volumétrica é o volume necessário para que o fluido atravesse certa seção de escoamento em determinado intervalo de tempo (Equação 3.7).

Equação 3.7

$$Q = \frac{V}{t}$$

Na Equação 3.7, Q é a vazão volumétrica, V, o volume e t, o tempo. Note que a unidade de vazão é volume por unidade de tempo (m^3/s).

No exemplo apresentado, a vazão volumétrica é:

$$Q = \frac{5\,L}{30\,s} = 0,17\,L/s$$

Isso significa que, a cada dois segundos, entram quatro litros de água no reservatório.

Segundo Brunetti (2008), a vazão e a velocidade de escoamento do fluido têm uma importante relação, para podermos visualizar essa relação imagine um fluido escoando em uma tubulação circular, como a apresentada na Figura 3.14. No tempo zero, temos uma área e o fluido está se deslocando até chegar em uma área 2 do tubo, atingindo certo comprimento de deslocamento, que, aqui, vamos chamar de S, da área 1 da tubulação até a área 2.

Podemos determinar o volume da seguinte forma:

Equação 3.8

$$V = AS$$

Na Equação 3.8, S é o deslocamento do fluido da área 1 até a área 2 e A é a área do tubo. Se substituirmos a Equação 3.8 na equação de vazão, obtemos:

$$Q = \frac{v}{t} = \frac{s \cdot A}{t}$$

Note que temos o quociente entre distância e tempo, que é a velocidade, logo, concluímos que a vazão é igual ao produto da área pela velocidade de escoamento do fluido (Equação 3.9).

Equação 3.9

$$Q = vA$$

Na equação, temos a relação entre vazão e velocidade, mas nem sempre as propriedades do escoamento são uniformes; na verdade, na maioria dos escoamentos práticos, as propriedades, inclusive a velocidade, são variáveis. Desse modo, em análises que envolvem escoamentos bi e tri dimensionais (em que a velocidade é variável), utilizamos a velocidade média da seção, a velocidade média é a velocidade uniforme na seção que dá a mesma vazão da velocidade real (variável).

3.4 Velocidade média na seção

Para definir a velocidade média da seção, que é necessária para uso da relação entre vazão e velocidade, podemos definir um elemento de área dA (uma área muito pequena retirada da área total A), ou seja, vamos pegar um pequeno pedaço do escoamento para analisar, como apresentado na Figura 3.15.

Figura 3.15 – Elemento de área no escoamento de um fluido

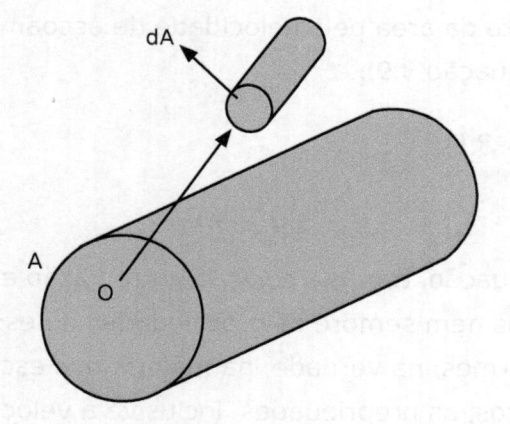

Se olharmos a vazão nesse elemento de área, ela se tornará:

Equação 3.10

$$dQ = vdA$$

Perceba que a equação está determinando a vazão naquele elemento de área determinado. De forma geral, se quisermos a vazão em toda a área, como se somássemos vários elementos de área e suas vazões correspondentes, precisamos integrar ambos os membros da equação, e a vazão será:

Equação 3.11

$$Q = v \int dA$$

? O que é?

Ao determinarmos uma integral, estamos determinando uma área, a integral nada mais é do que um somatório de uma área que foi dividida em vários pedaços, por isso que, para determinarmos a vazão total, utilizamos a integral, pois é como se estivéssemos somando a vazão correspondente a cada elemento de área.

Podemos, assim, determinar e conceituar velocidade média na seção mediante a Equação 3.11. Brunetti (2008) define a velocidade média da seção como uma velocidade uniforme, ou seja, igual ao longo de todo o escoamento, a qual, quando substitui a velocidade real do escoamento (que não é uniforme), reproduz a mesma vazão obtida caso estivéssemos considerando a velocidade real do fluido. Logo:

Equação 3.12

$$Q = v \int dA = A v_m$$

Isolando a velocidade média na Equação 3.12, obtemos que a velocidade média na seção é:

Equação 3.13

$$v_m = \frac{1}{A}\int_A v\,dA$$

Çengel e Cimbala (2012) destacam que a velocidade nunca é uniforme ao longo de uma seção transversal, mesmo em condições de escoamento unidimensional, pois, em virtude da condição do não escorregamento nas paredes, a velocidade varia de zero nas paredes até um valor médio no eixo central do tubo.

Assim, quando determinamos a vazão de determinado escoamento em certa seção, intuitivamente estamos determinando a vazão média, uma vez que a velocidade considerada é a velocidade média. A Figura 3.16 ilustra essa modificação de velocidade real para velocidade média.

Figura 3.16 – Velocidade média na seção

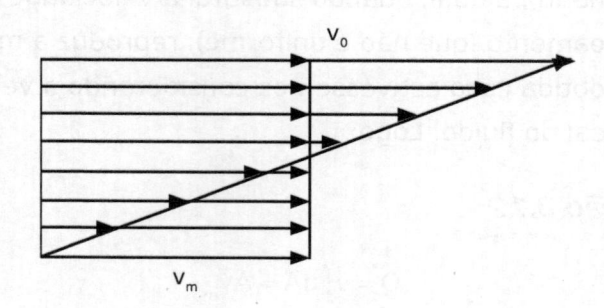

Fonte: Brunetti, 2008, p. 74.

Veja que a velocidade real não é uniforme. Ao utilizarmos o conceito de velocidade média, é como se distribuíssemos essa velocidade real, que varia ao longo do escoamento em uma velocidade uniforme.

Estudamos a vazão em volume, todavia existe também a vazão em massa e em peso. A vazão em massa, também denominada *vazão mássica* (Q_m), é a razão entre massa de fluido e volume.

3.5 Vazão em massa

Podemos definir a vazão mássica como a quantidade de massa de fluido que passa por determinada seção por unidade de tempo (Equação 3.14).

Equação 3.14

$$Q_m = \frac{m}{t}$$

O conceito de vazão mássica é importante, pois utilizamos o cálculo da vazão em massa em quase todos os sistemas – principalmente quando o fluido envolvido no sistema é um gás, uma vez que o processo gasoso geralmente tem escoamento compressível. Se o escoamento é compressível, temos a variação de massa específica e, consequentemente, do volume, então, não utilizamos vazão volumétrica.

Existe uma relação entre vazão volumétrica e vazão mássica, sendo a massa determinada segundo a equação de densidade (Equação 3.15).

Equação 3.15

$$\rho = \frac{m}{v}; m = \rho v$$

Substituindo a equação de massa, determinada a partir da Equação 3.15, na Equação 3.14, obtemos:

Equação 3.16

$$Q_m = \frac{\rho v}{t}$$

Note que, na Equação 3.16, temos o quociente do volume pelo tempo, referente à vazão volumétrica; assim, a vazão mássica é igual ao produto da vazão volumétrica pela massa específica.

Equação 3.17

$$Q_m = \rho Q_v$$

Francisco (2018) alerta que a Equação 3.17 só e válida quando o escoamento é incompressível ou uniforme, uma vez que, nessas condições, a massa específica não varia. A unidade de vazão mássica é unidade de massa por unidade de tempo (kg/s).

Temos ainda uma quantidade cinemática de vazão denominada *vazão em peso* (Q_w), que, semelhantemente às vazões volumétrica e mássica, é a razão entre o peso do fluido e o tempo (Equação 3.18).

Equação 3.18

$$Q_w = \frac{w}{t}$$

A vazão em peso relaciona-se também com a vazão mássica e a vazão volumétrica. Uma vez que o peso de um fluido é igual ao produto da massa do fluido pela aceleração da gravidade, a Equação 3.18 torna-se:

Equação 3.19

$$Q_w = \frac{mg}{t}$$

O quociente entre a massa e o tempo é a vazão mássica, logo, a vazão em peso é igual a vazão em massa vezes a aceleração da gravidade.

Equação 3.20

$$Q_w = Q_m g$$

Se, na Equação 3.19, substituirmos a equação de massa, determinada pela Equação 3.15, obteremos:

Equação 3.21

$$Q_w = \frac{\rho V g}{t}$$

O quociente do volume e o tempo, presente na Equação 3.21, é a vazão volumétrica, ou seja, a vazão em peso é igual ao produto de massa específica pela aceleração da gravidade ou, ainda, o produto de peso específico pela vazão volumétrica.

Equação 3.22

$$Q_w = \rho g Q_v = \gamma Q_v$$

Exercício resolvido

João resolve aguar seu jardim. A fim de economizar água, ele decide não utilizar a torneira, mas sim um balde cheio de água. Dessa forma, João pega um balde e o preenche com 2.500 ml de água. Ele nota que levou apenas 65 segundos para colocar esse volume de água no balde. Considerando o volume que João colocou no balde e o tempo que ele demorou para isso, a vazão volumétrica, a vazão mássica e a vazão em peso de água foram:

a) Aproximadamente 0,04 kg/s; 0,04 L/s; 0,4 N/s.
b) Aproximadamente 0,04 L/s; 0,04 N/s; 0,4 Kg/s.
c) Aproximadamente 0,04 L/s; 0,04 kg/s; 0,4 N/s.
d) Aproximadamente 38,46 L/s; 38,46 kg/s; 384,61 N/s.
e) Aproximadamente 0,04 L/h; 0,04 g/s; 0,4 N/h.

Gabarito: c

Resolução: No problema, é fornecido o volume do balde e o tempo necessário para preenchê-lo. Dessa forma, podemos determinar facilmente a vazão volumétrica, uma vez que ela é dada pela seguinte equação:

$$Q = \frac{V}{t}$$

Necessitamos, porém, determinar a vazão com os valores de volume e tempo fornecidos e deixar todas as unidades no sistema internacional de unidades; como o volume é dado em milímetros, precisamos convertê-lo para litros. Como 1 litro equivale a 1.000 milímetros, temos:

$$2500\,ml\left(\frac{1\,L}{1000\,ml}\right) = 2,5\,L$$

Logo, a vazão volumétrica é:

$$Q_v = \frac{2,5\,L}{65\,s} = 0,04\,L/s$$

Podemos determinar a vazão mássica com a vazão volumétrica pela seguinte relação:

$$Q_m = \rho Q_v$$

Como o fluido escoando é água, que tem massa específica igual a 1.000 kg/m³ = 1 kg/L, a vazão mássica será:

$$Q_m = (1\,kg/L)(0,04\,L/s) = 0,04\,kg/s$$

Podemos determinar a vazão em peso utilizando tanto a vazão mássica quanto a vazão volumétrica:

$$Q_w = \rho g Q_v = \gamma Q_v$$

Considerando a aceleração da gravidade igual a 10 m/s², a vazão em peso é:

$$Q_w = (1\,kg/L)(10\,m/s^2)(0,04\,L/s) = 0,4\,N/S$$

Equação da continuidade e equação de Bernoulli

4

Conteúdos do capítulo:

- Volume de controle.
- Teorema de transporte de Reynolds.
- Conservação de massa, momento e energia.
- Equação da continuidade.
- Tipos de energia no escoamento do fluido.
- Equação de Bernoulli.

Após o estudo deste capítulo, você será capaz de:

1. entender o que é um volume de controle e diferenciá-lo de sistema;
2. identificar o teorema do transporte de Reynolds;
3. aplicar a equação da conservação de massa (equação da continuidade) para balancear vazões de entrada e saída de um sistema fluido;
4. reconhecer as diferentes formas de energias envolvidas no escoamento de um fluido;
5. identificar o uso e as limitações da equação de Bernoulli;
6. aplicar a equação de Bernoulli para solucionar problemas relacionados ao escoamento de fluidos.

Existem três equações principais que regem a mecânica dos fluidos: (1) a equação da continuidade, relacionada à conservação da massa; (2) a equação da energia, relacionada à conservação de energia; e (3) a equação da conservação da quantidade de movimento.

Desse modo, neste capítulo, trataremos da equação da continuidade. Abordaremos, para isso, a conservação de massa, muito importante para o entendimento da equação da continuidade.

Também trataremos da equação de energia. Iniciaremos com a equação da energia mais simples, a equação de Bernoulli, pois ela é base para a equação da energia geral, mas, antes, trataremos dos tipos de energia envolvidas no escoamento dos fluidos, conceitos base para a equação de Bernoulli e a equação geral da energia.

4.1 Volume de controle e teorema de transporte de Reynolds

Antes de iniciarmos o estudo das três equações mais importantes no escoamento dos fluidos, necessitamos entender o conceito de volume de controle, fortemente utilizando na mecânica dos fluidos.

Normalmente, quando analisamos o escoamento de um fluido, o principal interesse está na taxa de variação de energia e massa de fluido que atravessam determinado dispositivo. Assim, dependendo da análise e das condições conhecidas do sistema, definimos uma região do fluido para análise, essa região é o volume de controle.

De acordo com Çengel e Cimbala (2012), trabalhamos com um sistema na termodinâmica e na mecânica dos sólidos, mas, na maioria dos problemas que envolvem o escoamento dos fluidos, é mais comum realizar a análise trabalhando com um volume de controle. O volume de controle é uma região no espaço determinada para análise do escoamento, na qual há uma troca de massa entre o volume e seu exterior.

Vilanova (2011) define o volume de controle como uma região de interesse no escoamento de um fluido, sendo esta limitada por uma superfície de controle. Assim, podemos concluir que o volume de controle é uma fronteira, pela qual o fluido está escoando e ocorre seu fluxo de massa. Podemos observar um exemplo de volume de controle na Figura 4.1.

Figura 4.1 – Volume e superfície de controle

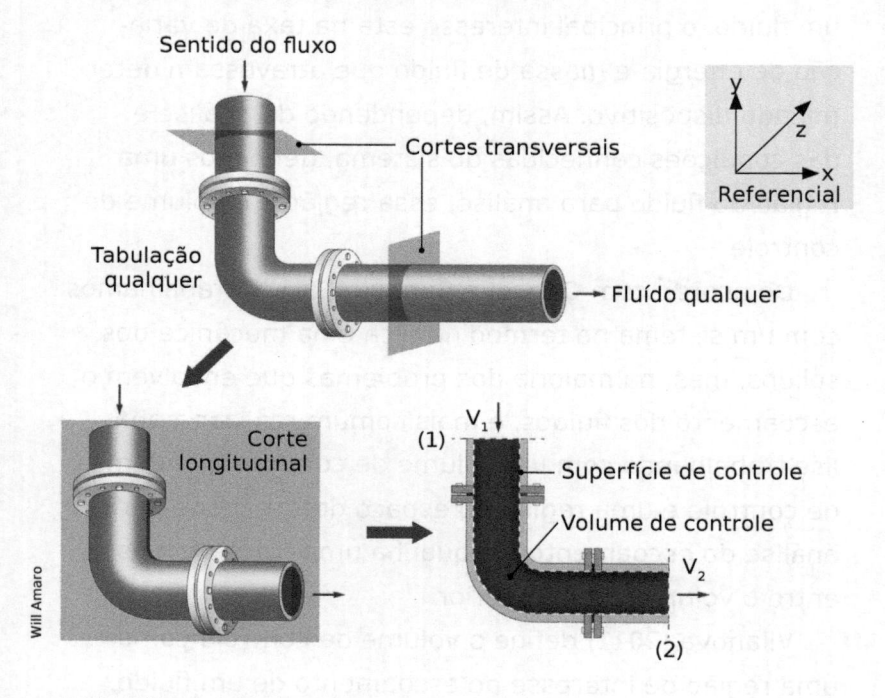

Fonte: Vilanova, 2011, p. 31.

Na Figura 4.1, vemos o escoamento de um fluido em uma tubulação. Nela, podemos identificar o sistema como um todo, ou seja, o fluido escoando na tubulação e a região de interesse, isto é, o volume de controle, além da fronteira dele, denominada *superfície de controle*.

Nas análises do escoamento dos fluidos, é de suma importância sabermos diferenciar um sistema de um volume de controle. Um sistema é caracterizado por uma massa definida e inalterada, sendo considerado fechado, pois não há fluxo de massa.

Observamos na Figura 4.1 a tubulação como um todo, mas vamos analisar apenas as paredes da tubulação com o conteúdo de fluido em seu interior. Nesse referencial, estamos tratando de um sistema, pois não há troca de fluido saindo das paredes da tubulação para fora dela.

Por outro lado, em um volume de controle, também denominado *sistema aberto*, a massa não é definida, nele temos determinado espaço da região, que pode ou não estar ocupada. Note que, pela definição de sistema, ele está totalmente estabelecido, ao passo que um volume de controle é determinada região e suas características podem variar.

A principal diferença entre um sistema e um volume de controle é que este permite troca entre os componentes, ao contrário daquele, como já mencionado.

Exemplificando

Podemos imaginar um sistema como uma sala fechada, na qual o que tem em seu interior é conhecido e permanece lá, ou seja, nada muda, não há um fluxo de massa. Já um volume de controle é como se fosse uma sala aberta, na qual existe um fluxo de pessoas.

Para realizar uma análise em um volume de controle, como seus componentes não são definidos e há um fluxo deles, é necessário informações a respeito da substância que está em seu interior, qual entra e qual sai. Note que a ideia de volume de controle centraliza-se no fato de que componentes entram e saem, podendo ocorrer variações internas no volume de controle. De acordo com Çengel e Cimbala (2012), a extensão de um sistema é mutável, mas sua massa permanece inalterada e não cruza suas fronteiras; já no volume de controle, a massa escoa para dentro ou para fora de suas fronteiras.

Para compreender melhor a diferença entre sistema e volume de controle, imagine que você está lavando as mãos embaixo de uma torneira, preocupando-se apenas com o volume de água; o que acontece com a água que vai embora não é de seu interesse. Nesse caso, você tem uma entrada e uma saída de volume de água, ou seja, a água que sai da torneira (entrada) e que vai embora pelo ralo (saída) é algo que acontece ali no meio, sendo, então, um exemplo de volume de controle. Contudo, se você fosse lavar suas mãos em uma bacia, não teríamos nem entrada nem saída de água, constituindo-se, portanto, em um sistema.

Sistema e volume de controle são modelagens para trabalharmos com análises de problemas. Em geral, o que se aplica à mecânica dos fluidos é igualmente aplicado à mecânica dos sólidos. Nesta, as leis físicas são referentes a taxas de variação no tempo de propriedades extensivas do sistema; já na mecânica dos fluidos, como é mais viável trabalhar com volume de controle, surge a necessidade de relacionar as duas modelagens, ou seja, relacionar as variações em um volume de controle com as variações em um sistema (Çengel; Cimbala, 2012).

O teorema de transporte de Reynolds (TTR) permite relacionar as taxas de variação no tempo de uma propriedade extensiva para um sistema e para um volume de controle. Para compreender esse teorema, imagine um volume de controle. Imagine também que todos os componentes no interior do volume de controle constituem um sistema. Assim, o volume de controle é igual ao sistema que vamos considerar, como apresentado na Figura 4.2.

Figura 4.2 – Volume de controle e sistema

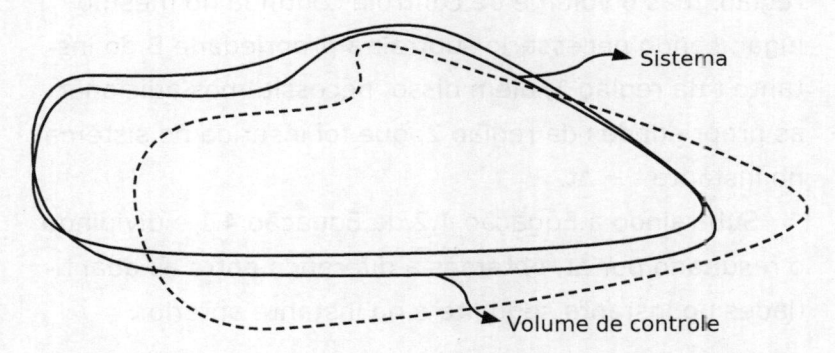

Em um primeiro instante, podemos afirmar que uma propriedade genérica B do sistema em certo instante t é igual a propriedade extensiva B do volume do controle nesse mesmo instante t.

Equação 4.1

$$B_{sistema}(t) = B_{vc}(t)$$

No entanto, esse fluido está escoando, logo, o sistema que, no instante *t*, estava naquela região. Em uma pequena variação de tempo, ou seja, t + Δt, estará em outra região, representada pela linha tracejada na Figura 4.2. Nesse instante seguinte, a propriedade do sistema, que antes estava no volume de controle, é:

Equação 4.2

$$B_{sist,t+\Delta t} = B_{vc,t+\Delta t} - B_{1,t+\Delta t} + B_{II,t+\Delta t}$$

Isso porque o sistema no próximo instante mudou de região, mas o volume de controle continua no mesmo lugar, sendo necessário subtrair a propriedade B do instante *t* da região 1; além disso, necessitamos adicionar as propriedades da região 2, que foi inserida no sistema no instante t + Δt.

Subtraindo a Equação 4.2 da Equação 4.1 e dividindo o resultado por Δt, obtemos a diferença entre as quantidades no instante seguinte e no instante anterior:

Equação 4.3

$$\frac{B_{sist,t+\Delta t} - B_{sist}}{\Delta t} = \frac{B_{vc,t+\Delta t} - B_{vc,t}}{\Delta t} - \frac{B_{1,t+\Delta t}}{\Delta t} + \frac{B_{2,t+\Delta t}}{\Delta t}$$

Fazendo o limite quando Δt → 0 e levando em consideração a definição de derivada, obtemos:

Equação 4.4

$$\frac{dB_{sist}}{dt} = \frac{dB_{vc}}{dt} - \dot{B}_e + \dot{B}_s$$

Sendo B_e a vazão de entrada e B_s a vazão de saída, podemos escrever a Equação 4.4 da seguinte forma:

Equação 4.5

$$\frac{dB_{sist}}{dt} = \frac{dB_{vc}}{dt} - b_1\rho_1 V_1 A_1 + b_2\rho_2 V_2 A_2$$

Chegamos à Equação 4.5 sabendo que B é uma propriedade extensiva do sistema. Portanto, B é igual a propriedade intensiva vezes a massa do sistema, ou seja:

Equação 4.6

$$B = bm = b\rho V = b\rho V \Delta t A$$

e

$$\lim_{\Delta t \to 0} \frac{B}{\Delta t} = \frac{b\rho V \Delta t A}{\Delta t} = b\rho V A$$

Na Equação 4.6, A_1 e A_2 são as seções transversais da área 1 e 2. De acordo com Çengel e Cimbala (2012), a Equação 4.5 é a taxa de variação no tempo da propriedade B no sistema, sendo igual a taxa de variação no tempo de B no volume do controle mais o fluxo de B para fora do volume de controle pela massa que atravessa a superfície de controle – o que, ao analisarmos a Equação 4.6, torna-se lógico.

De forma geral, os fluxos B_e e B_s de B são de fácil determinação, uma vez que existe apenas uma entrada e uma saída. Contudo, podemos ter várias portas de entrada e de saída. Para generalizar, consideramos a área de saída de uma superfície infinitesimal da superfície de controle normal, unitária e indicada por $\vec{n}$.

A vazão de *b* através de dA é $\rho b \vec{V} \cdot \vec{n} dA$, já a vazão total através de toda a superfície pode ser determinada pela Equação 4.7. As propriedades do volume de controle podem mudar de acordo com a posição (Çengel; Cimbala, 2012). Dessa forma, a quantidade total da propriedade B dentro do volume de controle deve ser determinada segundo a Equação 4.8.

Equação 4.7

$$B_t = B_s - B_e = \int_{sc} \rho b \vec{V} \cdot \vec{n} dA$$

Equação 4.8

$$B_{vc} = \int_{vc} \rho b dV$$

Substituindo as Equações 4.7 e 4.8 na Equação 4.4, obtemos o teorema do transporte de Reynolds para um volume de controle fixo.

Equação 4.9

$$\frac{dB_{sist}}{dt} = \int_{vc} \frac{d}{dt}(\rho b) dV + \int_{sc} \rho b \vec{V} \cdot \vec{n} dA$$

A Equação 4.9 é válida para volumes de controle fixos, porém existem casos em que o volume de controle é variável. Nesse contexto, a equação mais geral do teorema do transporte de Reynolds para volumes de controle variáveis é apresentada na Equação 4.10.

Equação 4.10

$$\frac{dB_{sist}}{dt} = \frac{d}{dt}\int_{vc} \rho b \, dV + \int_{sc} \rho b \vec{V}_r \cdot \vec{n} \, dA$$

Antes de abordarmos as equações de continuidade, de Bernoulli e de energia, fundamentais no estudo da mecânica dos fluidos, necessitamos conhecer os princípios da conservação de massa, momento e energia.

4.2 Conservação de massa, momento e energia

As leis de conservação de massa, momento e energia relacionam-se aos balanços e à conservação de massa, energia e momento, pois essas quantidades conservam-se. Dessa forma, essas leis são ainda denominadas *balanços de massa*, *de momento* e *de energia*, pois podem também ser balanceadas durante todo o processo.

De acordo com a famosa lei da conservação de massa de Lavoisier, na natureza, nada se cria, nada se perde, tudo se transforma, ou seja, a massa não pode ser criada nem destruída, apenas conservada. Diante da conservação de massa, vamos desenvolver as equações da conservação de massa para um sistema e um volume de controle.

Como o próprio nome diz, a *conservação de massa* traduz que a massa total de um fluido é conservada durante um processo. Assim como já verificamos anteriormente, em um sistema fechado, suas componentes permanecem constante, pois não há fluxo. Dessa forma, a massa do sistema permanece constante e sua variação é nula.

Equação 4.11

$$\frac{dm}{dt} = 0$$

A Equação 4.11 expressa que a variação de massa no processo, nesse caso um sistema, em função do tempo, é nula, o que é lógico uma vez que a massa é constante.

Em um volume de controle, a massa é variável, logo, a massa que permanece no volume de controle leva em consideração a quantidade de massa que entrou e saiu do sistema. Assim, podemos determinar a variação de massa do volume de controle em termos do fluxo de fluido que entra e sei de suas fronteiras, ou seja: o acúmulo de massa no volume de controle $\left(\frac{dm}{dt}\right)_{vc}$ é igual a quantidade de massa que entra ($\dot{m}_e$) menos a quantidade de massa que sai ($\dot{m}_s$) do volume de controle:

Equação 4.12

$$\frac{dm}{dt}_{vc} = \dot{m}_e - \dot{m}_s$$

Um vez que o acúmulo de massa no volume de controle é nula, a variação de massa em um volume de controle é igual a vazão em massa de entrada menos a vazão em massa de saída. Podemos visualizar o balanço de massa em um volume de controle na Figura 4.3.

Figura 4.3 – Balanço de massa em um volume de controle

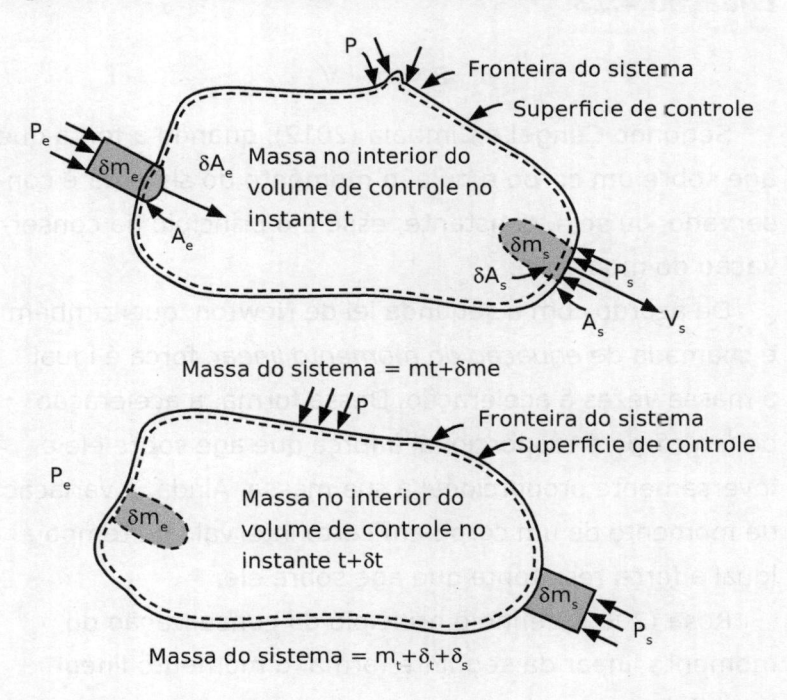

Fonte: Moreira, 2017, p. 41.

De acordo com Rosa (2009), o momento linear é a grandeza física que caracteriza o movimento de um corpo, ele leva em consideração a massa e a velocidade do corpo. Em suma, podemos dizer que o momento linear mede a quantidade de momento. Existe também, assim como a conservação da massa de um sistema, uma conservação do momento.

O momento linear (P) é determinado pelo produto da massa do corpo pela velocidade (Equação 4.13).

Equação 4.13

$$P = m \cdot V$$

Segundo Çengel e Cimbala (2012), quando a força que age sobre um corpo é nula, o momento do sistema é conservado, ou seja, constante, esse é o princípio da conservação do momento.

De acordo com a segunda lei de Newton, que também é chamada de *equação do momento linear*, força é igual a massa vezes a aceleração. Dessa forma, a aceleração de um corpo é proporcional à força que age sobre ele e inversamente proporcional a sua massa. Ainda, a variação de momento de um corpo em certo intervalo de tempo é igual a força resultante que age sobre ele.

Rosa (2009) define o princípio da conservação do momento linear da seguinte forma: o momento linear total P do sistema permanece constante, ou seja, o momento das partículas individuais pode variar, mas não a soma total que permanece constante.

O princípio da conservação da energia determina que toda a energia do universo é constante, essa determinação estende-se a qualquer sistema. Assim, podemos concluir que a energia de um sistema é conservada e nunca perdida, ela apenas muda de forma; por exemplo, energia cinética pode se transformar em energia potencial, portanto, existe uma conservação da energia total de um sistema.

A energia não pode ser criada ou destruída, apenas transformada, essa lei aplica-se também ao volume de controle, ou seja, em um volume de controle, a energia total do sistema é conservada. Segundo Rosa (2009), com relação a um volume de controle, o que se conserva é a soma da energia interna com a energia que entra ou sai dele.

Matematicamente falado, o balanço de energia de um volume de controle é determinado pela Equação 4.14, ou seja, a variação da energia no volume de controle com o tempo é igual a quantidade de energia que entra no volume de controle menos a quantidade de energia que sai dele.

Equação 4.14

$$\frac{dE_{vc}}{dt} = \dot{E}_e - \dot{E}_s$$

Das equações de conservação de massa, energia e momento, obtemos as equações mais importantes da mecânica dos fluidos, uma delas é a **equação da**

continuidade, que se refere ao princípio da conservação de massa dado pela Equação 4.12. Essa equação, além de ser a equação da conservação de massa, é denominada *equação da continuidade*.

4.3 Equação da continuidade

A equação da continuidade é determinada para um volume de controle com apenas uma entrada e uma saída, porém existem volumes de controle com múltiplas entradas e saídas. Dessa forma, a Equação 4.12 torna-se a seguinte:

Equação 4.15

$$\frac{dE_{vc}}{dt} = \sum \dot{m}_e - \sum \dot{m}_s$$

Portanto, a variação de massa do volume de controle é igual a diferença entre o somatório da vazão em massa de entrada e o somatório da vazão em massa de saída.

> Aplicada a conservação da massa em um volume de controle isolado em um fluido em escoamento, cada termo desta expressão pode ser interpretado como uma taxa. Assim, a taxa de acumulação de massa no volume de controle é igual à diferença entre as vazões de entrada e de saída mais a diferença entre as taxas de geração e de absorção do fluido no interior do volume de controle. No caso comum em que não há nem fonte nem sumidouro no volume de controle, a

taxa de acumulação será, logicamente, igual à diferença entre as vazões mássicas de entrada e de saída.
A expressão matemática do princípio da conservação de massa, aplicado a um fluido em escoamento, nesse caso comum de ausência de fonte e de sumidouro no volume de controle, é chamado de equação da continuidade. (Coimbra, 2015, p. 31)

Vamos entender melhor equação da continuidade deduzindo-a para o caso especial no qual o escoamento encontra-se em regime permanente.

De acordo com Alé (2011), o caso no qual mais se utiliza a equação da continuidade são os casos nos quais temos um escoamento em regime uniforme e permanente.

Considere o tubo de corrente apresentado na Figura 4.4, no qual um fluido está escoando em regime permanente. Na área 1, entra determinada massa de fluido (Qm_1) e, no final do tubo de corrente (área 2), sai uma massa de fluido (Qm_2). Recorde que, no regime permanente, as propriedades não se alteram com o tempo, de modo que não se pode ocorrer acúmulo no interior do tubo de corrente. Assim, como já observado anteriormente na Equação 4.11, a Equação 4.12 torna-se:

Equação 4.16

$$0 = \dot{m}_e - \dot{m}_s$$

Figura 4.4 – Tubo de corrente

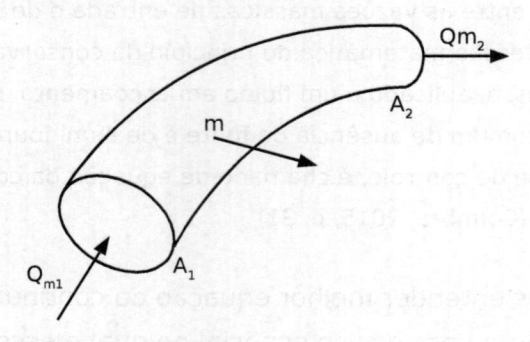

Fonte: Brunetti, 2008, p. 75.

Na Equação 4.16, verificamos que, de acordo com a equação da continuidade para regime permanente, a massa de fluido que entra é igual a massa de fluido que sai do tubo de corrente, ou seja:

Equação 4.17

$$\dot{m}_{m,entrada} = \dot{m}_{m,saída} \rightarrow \dot{m}_e = \dot{m}_s$$

A vazão mássica é igual ao produto da massa específica pela vazão volumétrica (Equação 4.18).

Equação 4.18

$$\dot{m} = \rho Q$$

Logo, substituindo a Equação 4.18 na Equação 4.17, obtemos:

Equação 4.19

$$\rho_1 Q_1 = \rho_2 Q_2$$

Sabemos que a relação entre vazão volumétrica, velocidade e área é determinada pela Equação 4.20.

Equação 4.20

$$Q = vA$$

Substituindo a Equação 4.20 na Equação 4.19, obtemos que a equação da continuidade para regime permanente é:

Equação 4.21

$$\rho_1 V_1 A_1 = \rho_2 V_2 A_2$$

De acordo com White (2011), ρVA é o fluxo de massa que atravessa a seção transversal unidimensional nas quais as unidades consistentes são quilogramas por segundo no sistema internacional de unidades.

Podemos dizer que a equação da continuidade para regime permanente resume-se em: a massa de fluido que entra em determinado volume de controle é igual a massa de volume que sai desse volume de controle.

A Equação da Continuidade resulta da Lei da Conservação da Massa aplicada ao movimento do fluido. Para escoamento permanente, a massa de fluido que passa em todas as seções de uma corrente de fluido por unidade de tempo é a mesma. A Equação de

Continuidade relaciona a vazão e a massa na entrada e na saída de um sistema e também relaciona a área (A) e a velocidade (V) de um fluido. (Meira, 2018, p 14)

A Equação 4.17 refere-se à equação da continuidade para volumes de controle que apresentam apenas uma entrada e uma saída, logo, para volumes de controle com múltiplas entradas e saídas, a equação da continuidade torna-se: o somatório da massa de fluido que entra no volume de controle é igual ao somatório da massa que sai do volume de controle, matematicamente falando:

Equação 4.22

$$\sum \dot{m}_e = \sum \dot{m}_s$$

Ao lidarmos com processos de escoamento em regime permanente, nós não estamos interessados na quantidade de massa que escoa para dentro ou para forma de um dispositivo ao longo do tempo. Em vez disso, estamos interessados na quantidade de massa que escoa por unidade de tempo, ou seja, na vazão em massa [...]. O princípio da conservação de massa para um sistema geral de escoamento em regime permanente com várias entradas e saídas pode ser expresso na forma de taxa. (Çengel; Cimbala, 2012, p. 154)

Considere o volume de controle apresentado na Figura 4.5 e que um fluido escoa atravessando as fronteiras desse volume de controle em um regime permanente.

Observe que o sistema de controle presente na figura apresenta duas entradas e duas saídas; dessa forma, a equação da continuidade, apresentada na Equação 4.22, para esse volume de controle em particular é o somatório de m_{e1} e m_{e2}, que é exatamente igual a soma de $m_{s1} + m_{s2} + m_{s3}$. Matematicamente falando:

Equação 4.23

$$m_{e1} + m_{e1} = m_{s1} + m_{s2} + m_{s3}$$

Figura 4.5 – Volume de controle com múltiplas entradas e saídas

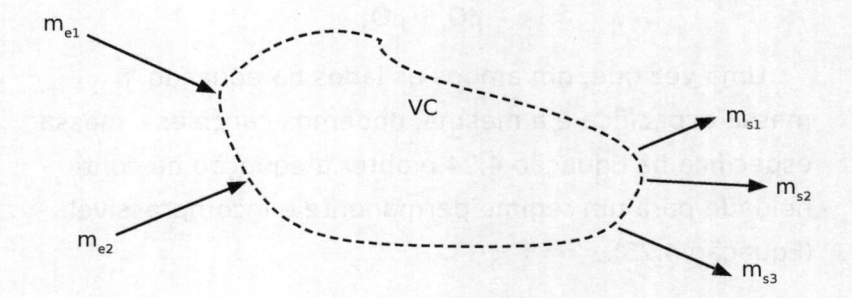

A equação da continuidade poder ser ainda mais simplificada se o escoamento que ultrapassa o volume de controle for incompressível, o que ocorre na maioria das vezes em que o fluido é um líquido.

O que é?

Lembre que um escoamento incompressível é aquele em que as variações de massa específica do fluido são desprezíveis, logo, consideramos que esses fluidos tem massa específica (densidade) constante.

Vamos simplificar a equação da continuidade, Equação 4.19, para um escoamento permanente e incompressível, uma vez que a massa específica do fluido não se altera durante o escoamento, então, $\rho_1 = \rho_2$, logo:

Equação 4.24

$$\rho Q_1 = \rho Q_2$$

Uma vez que, em ambos os lados da equação, a massa específica é a mesma, podemos cancelar a massa específica na Equação 4.24 e obter a equação da continuidade para um regime permanente e incompressível (Equação 4.25).

Equação 4.25

$$Q_1 = Q_2$$

De acordo com a Equação 4.12, concluímos que, para um escoamento permanente e incompressível, a vazão volumétrica que entra no volume de controle é igual a vazão volumétrica que sai desse volume, ou, ainda:

Equação 4.26

$$V_1 A_1 = V_2 A_2$$

Com base na Equação 4.25, constatamos também que, para um fluido incompressível, a vazão em volume é a mesma em qualquer seção do escoamento. Além disso, pela Equação 4.26, podemos concluir que, ao longo do escoamento, as velocidades médias e as áreas são inversamente proporcionais, ou seja, se, em certa seção, a área diminuir, a velocidade média amentará, e vice-versa (Brunetti, 2008).

A Equação 4.25 refere-se a volumes de controle com apenas uma entrada e uma saída, para volumes de controle com mais de uma entrada e mais de uma saída, a equação da continuidade é determinada por:

Equação 4.27

$$\sum Q_e = \sum Q_s$$

Portanto, para volumes de controle com múltiplas entradas e saídas, o somatório da vazão em volume que entra é igual ao somatório da vazão em volume que sai do volume de controle.

Note que, na simplificação da equação da continuidade realizada considerando um escoamento permanente e incompressível, ela remete-se à entrada e à saída de volume de fluido, mas é importante salientar que:

Não existe um princípio de "conservação de volume". Assim, as vazões em volume de entrada e saída de um dispositivo com escoamento permanente podem ser diferentes. A vazão em volume na entrada de um compressor de ar é muito menor que a vazão de saída, embora a vazão em massa do ar através do compressor seja constante. Isso acontece devido à densidade do ar ser mais alta na saída do compressor. Para escoamento em regime permanente de líquidos, porém, as vazões em volume, bem como as vazões em massa, permanecem constantes, uma vez que os líquidos são substâncias essencialmente incompressíveis (densidade constante). A água que escoa através do bocal de uma mangueira de jardim é um exemplo deste último caso. (Çengel; Cimbala, 2012, p. 154)

Exercício resolvido

Na tubulação esquematizada na figura a seguir, escoa um fluido. O fluido entra na seção 2 e é transportado para um reservatório, logo, o fluido é descarregado na seção 2. A área 1 da tubulação é 30 cm² e o fluido escoa com uma velocidade de 35 m/s, já a seção 2 tem uma área de 15 cm². Na seção 1, o fluido apresenta massa específica de 5 kg/m³ e, na área 2, sua densidade é de 15 kg/m³. A respeito desse escoamento, podemos dizer:

a) O escoamento é incompressível e a velocidade do fluido na seção 2 é 13,33 m/s.

b) O escoamento é incompressível e a velocidade do fluido na seção 2 é 23,33 m/s.

c) O escoamento é compressível e a velocidade do fluido na seção 2 é 23,33 m/s.
d) O escoamento é compressível e a velocidade do fluido na seção 2 é 20 m/s.
e) O escoamento é viscoso e a velocidade do fluido na seção 2 é 20 m/s.

Gabarito: c

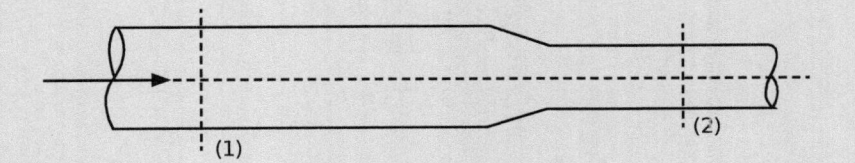

Resolução: Uma vez que a massa específica do fluido varia ao longo do escoamento, pois, na seção 1, o fluido apresenta massa específica de 5 kg/m³ e, na seção 2, massa específica de 15 kg/m³, o escoamento é compressível.

Para determinar a velocidade de escoamento do fluido na seção 2, podemos utilizar a equação da continuidade para regime permanente, ou seja, a vazão mássica de fluido que entra na seção 1 é exatamente igual a vazão mássica de fluido que sai na seção 2.

$$Q_1 = Q_2$$

Como vazão mássica é igual ao produto da vazão volumétrica pela velocidade pela área, a equação da continuidade, nesse caso, é:

$$\rho_1 V_1 A_1 = \rho_2 V_2 A_2$$

Como a variável de interesse é a velocidade de escoamento do fluido na seção 2, vamos isolá-la na equação acima:

$$V_2 = V_1 \frac{\rho_1 A_1}{\rho_2 A_2}$$

Sabendo que V_1 é 35 m/s, ρ_1 é 5 kg/m³, ρ_2 é 15 kg/m³, A_1 é 30 cm² e A_2 é 15 cm², então:

$$V_2 = 35 \frac{5 \cdot 30}{15 \cdot 15}$$

$$V_2 = 23{,}33 \text{ m/s}$$

Logo, na seção 2, o fluido escoa com uma velocidade de 23,33 m/s. Note que, apesar das unidades de área não estarem no sistema internacional de unidades, não foi preciso fazer a conversão, uma vez que, na equação final, temos uma razão entre as duas áreas, o que acaba eliminando as unidades.

Em suma, podemos definir a equação da continuidade como um balanço das massas ou das vazões em massas entre as vazões que entram e saem de um volume de controle ou de um escoamento

Em termos de energia, levando em consideração que ela não pode ser criada nem destruída, apenas transformada, podemos determinar uma equação que possibilite realizar o balanço de energias, assim como fizemos para a massa do fluido em certo escoamento, essa equação é denominada *equação da energia* (Brunetti, 2008).

A equação da energia é a base para o estudo da perda de carga, essencial para dimensionamento de projetos de instalação de bombeamento, ventilação e ar condicionado.

Preste atenção!

A perda de carga é a perda de energia por atrito, ou seja, os escoamento tem a viscosidade associada ao próprio fluido que está escoando e perde-se energia em função dele. Como cita Vilanova (2011), essa perda de carga é consequência da viscosidade do fluido, podemos determina-la ao contabilizar os efeitos localizados, por exemplo, os efeitos de perda de energia causados por componentes como curvas, joelhos, válvulas, entre outros, e pelos efeitos viscosos normais, causados pela tubulação na qual o fluido está escoando.

Antes de iniciarmos o desenvolvimento da equação da energia, que é uma das equações mais importantes da mecânica dos fluidos, é necessário entendermos e conhecermos os tipos de energia associados ao escoamento de um fluido.

Antes de definirmos a equação de balanço de energia no escoamento de um fluido, é importante conhecermos os tipos de energia existentes no mesmo.

4.4 Tipos de energia no escoamento do fluido: energia mecânica

Segundo Halliday, Resnick e Walker (2008), o termo *energia* é amplo, o que torna difícil defini-lo de forma concreta. No entanto, de maneira técnica e resumida, podemos dizer que energia é uma grandeza escalar associada ao estado de um ou mais objetos.

De forma mais clara, podemos dizer que energia é um número associado a um sistema de um ou mais objetos, de modo que, se um dos objetos é submetido a uma força que o muda, fazendo-o se movimentar, por exemplo, o número que descreve a energia do sistema variará.

> Após um número muito grande de experimentos, os cientistas e engenheiros confirmaram que se o método através do qual atribuímos números a energia é definido adequadamente, esses números podem ser usados para rever resultados de experimentos e, mais importante, para construir máquinas capazes de realizar proezas fantásticas, como voar. Esse sucesso se baseia em uma propriedade fascinante de nosso universo: a energia pode ser transformada de uma forma para outra e transferida de um objeto para outro, mas a quantidade total é sempre a mesma (a energia é conservada). Até hoje, nunca foi encontrada uma exceção desta lei de conservação da energia. (Halliday; Resnick; Walker, 2008, p. 153)

A maioria dos sistemas projetados para o transporte de fluidos destina-se ao transporte do fluido de um local para outro, durante esse processo, o sistema pode gerar trabalho mecânico ou consumir trabalho, mas esses sistemas não envolvem transferência significativa de calor. Dessa forma, esses sistemas podem ser analisados apenas considerando as formas de energia mecânica e as perdas por atrito – a perda de carga (Çencel; Cimbala, 2012).

Além da equação da continuidade, a equação da energia é muito útil para análises em mecânica dos fluidos, ela consegue envolver e contabilizar todas as energias envolvidas no escoamento do fluido e permite fazer o balanço delas.

Podemos definir energia mecânica como a forma de energia que pode ser convertida direta e totalmente em trabalho mecânico por um dispositivo mecânico, como uma turbina, por exemplo.

Podemos citar como exemplos de energia mecânica a energia cinética e potencial, já a energia térmica não pode ser considerada mecânica porque, conforme a segunda lei de Newton, ela não pode ser convertida em trabalho direta e completamente (Çencel; Cimbala, 2012).

Para que ocorra a transferência de energia mecânica, é necessário a presença de trabalho mecânico, que é gerado por um eixo rotativo, a esse trabalho, chamamos *trabalho de eixo*.

Trabalho (w) nada mais é do que a energia transferida, quando falamos realizar trabalho, estamos nos referindo a transferir energia. Assim como a energia, o trabalho é uma grandeza escalar; energia e trabalho tem as mesmas unidades.

> Trabalho (W) é a energia transferida para um objeto ou de um objeto através de uma força que age sobre o objeto. Quando a energia é transferida para o objeto, o trabalho é positivo, quando a energia é transferida do objeto, o trabalho é negativo. (Halliday; Resnick; Walker, 2008, p. 155)

Segundo Çengel e Cimbala (2012), uma bomba ou um ventilador recebem o trabalho de eixo e o transmitem para o fluido em forma de energia mecânica, já uma turbina converte energia mecânica do fluido em trabalho de eixo. Nesses termos, podemos definir a eficiência mecânica de um dispositivo (Equação 4.28), que é a porcentagem de energia mecânica que o dispositivo conseguiu transferir.

Equação 4.28

$$\eta_{mec} = \frac{energia\_mecânica\_saindo}{energia\_mecânica\_entrando}$$

Na ausência de atrito, a eficiência é 1, ou seja, 100%, o que significa dizer que toda a energia mecânica foi transferida pelo dispositivo, mas, quando é menor que 1

(100%), quer dizer que ocorreram perdas de energia e a conversão não foi perfeita.

Em uma bomba, como ela recebe trabalho de eixo e o transporta para o fluido, ocorre um aumento de energia no fluido, é o caso da energia saindo, conforme pode ser expresso na seguinte equação:

Equação 4.29

$$\eta_{bomba} = \frac{aumento\_de\_energia\_mecânica\_do\_fluido}{energia\_mecânica\_entrando}$$

Por outro lado, quando o dispositivo é uma turbina, a energia mecânica é retirada do fluido para ser transformada em trabalho de eixo, de modo que a Equação 4.29 torna-se:

Equação 4.30

$$\eta_{turbina} = \frac{energia\_mecânica\_saindo}{diminuição\_de\_energia\_mecânica\_do\_fluido}$$

Vale salientar que a eficiência de um dispositivo não é a eficiência do gerador ou do motor, que pode ser determinada pelas Equações 4.31 e 4.32, respectivamente.

Equação 4.31

$$\eta_{motor} = \frac{trabalho\_de\_eixo}{trabalho\_elétrico}$$

Equação 4.32

$$\eta_{gerador} = \frac{trabalho\_elétrico}{trabalho\_de\_eixo}$$

Os tipos de energias mecânicas associadas ao escoamento dos fluidos e que se fazem presente na equação da energia são: energia cinética, energia potencial e energia de pressão.

A **energia cinética** é o tipo de energia associada ao movimento do fluido. Segundo Halliday, Resnick e Walker (2008), a energia cinética é a energia associada ao estado de movimento de um objeto, quanto mais rápido move--se o objeto, em nosso estudo em específico, quanto mais depressa se move o fluido, maior a energia cinética dele, e quando o fluido encontra-se em repouso, uma vez que não há movimento, a energia cinética associada a ele é nula.

Para entendermos de forma clara o que é energia cinética e determinarmos como calculá-la, considere o corpo apresentado na Figura 4.6 de massa *m* e velocidade *v*.

Figura 4.6 – Energia cinética associada a um corpo

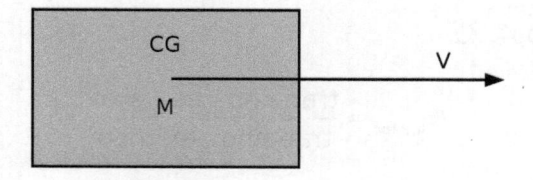

Imagine que foi aplicada uma força F no corpo e ele começa a se mover, a força aplicada imprime no corpo uma aceleração. De acordo com a segunda lei de Newton, força é igual ao produto da massa pela aceleração, matematicamente falando:

Equação 4.33

$$F = m \cdot a$$

O trabalho (w) realizado pela forma para deslocar o corpo é igual ao produto da força aplicada pelo deslocamento do corpo (Equação 4.34).

Equação 4.34

$$W = F \cdot d$$

Substituindo a Equação 4.33 na Equação 4.34, obtemos:

Equação 4.35

$$W = m \cdot a \cdot d$$

Aplicando a equação de Torricelli, temos:

Equação 4.36

$$V^2 = V_0^2 + 2ad$$

Como o corpo parte do repouso, a velocidade inicial (V_0) é nula, logo:

Equação 4.37

$$V^2 = 2ad$$

Sendo *a* a aceleração do corpo, *d* o deslocamento e *v* a velocidade, colocando *ad* em evidência, obtemos:

Equação 4.38

$$\frac{V^2}{2} = ad$$

Substituindo a Equação 4.38 na Equação 4.35, obtemos:

Equação 4.39

$$W = \frac{mV^2}{2}$$

Essa equação determina o trabalho necessário para mover um corpo de massa *m* com velocidade *v*; esse trabalho é a energia cinética, ou seja, a energia cinética é igual a:

Equação 4.40

$$E_c = \frac{mV^2}{2}$$

Definimos acima a velocidade cinética para um corpo sólido, o mesmo vale para fluidos, a única diferença é que a velocidade V na Equação 4.40 é a velocidade média na seção, já discutida em capítulos anteriores.

Além da energia cinética, outra energia associada ao escoamento dos fluidos é a **energia potencial**, que é a energia ocasionada pela posição ocupada pelo fluido em relação ao plano horizontal de referência.

Brunetti (2008) define energia potencial como o estado de energia do sistema devido à sua posição no campo da gravidade em relação a um plano horizontal de referência. Dessa forma, podemos dizer que esse tipo de energia é a energia relacionada e medida pelo potencial do sistema realizar trabalho.

Em outras palavras, a energia potencial é qualquer forma de energia associada ao arranjo de um sistema de objetos que exercem forças uns sobre os outros (Halliday; Resnick; Walker, 2008).

Considere a Figura 4.7, na qual temos um plano horizontal de referência (PHR), pois, na física, necessitamos de um referencial, e um corpo de massa m em certa altura (z) em relação ao plano horizontal de referência.

Figura 4.7 – Energia potencial gravitacional associada a um corpo

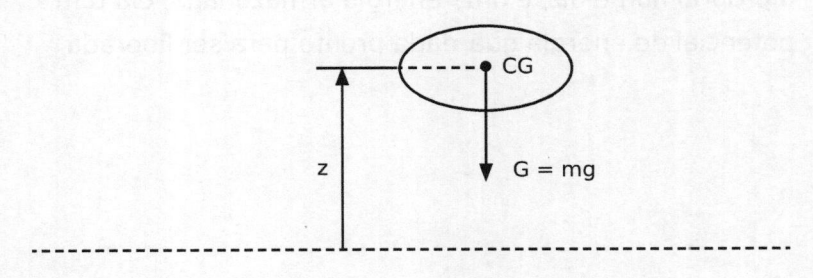

Fonte: Brunetti, 2008, p. 86.

A força atuante sobre o corpo presente na Figura 4.7 é a força peso, dada pela seguinte expressão:

Equação 4.41

$$G = mg$$

Na equação, *G* é a força peso, *m*, a massa do corpo, e *g*, a aceleração da gravidade. Já sabemos que o trabalho é igual ao produto da força que atua sobre um corpo pelo deslocamento (W = F · d), para o caso em específico, a forma é a força peso (Equação 4.41) e o deslocamento do corpo é a altura *z* que ele se encontra em relação ao plano de referência, logo, o trabalho é:

Equação 4.42

$$W = mgz = E_p$$

O trabalho apresentado na equação é exatamente a energia potêncial. Seria como elevar um corpo no plano horizontal de referência até a altura *z*. Para isso, foi gasta uma energia prévia, portanto, a *energia potencial*, como o próprio nome diz, é uma energia armazenada, ela tem potencial de energia guardada pronta para ser liberada.

Segundo Halliday, Resnick e Walker (2008), a energia potencial gravitacional associada a um sistema partícula-terra é dependente só da posição vertical (z) da partícula em relação ao plano horizontal de referência, e não da posição horizontal, como podemos verificar na Equação 4.42.

A **energia mecânica** associada ao escoamento dos fluidos é a energia de pressão, que, assim como definimos anteriormente, é a razão da força pela área. Logo, se temos determinada força atuando em certa área, temos uma pressão.

Como a pressão é força dividida por área, levando em consideração a primeira lei de Newton ($F = m \cdot a$), automaticamente, quando temos uma pressão exercida sobre uma área, temos uma força associada, e essa força aplicada em uma massa causa uma aceleração. Consequentemente, se temos uma aceleração, temos uma energia associada a essa força decorrente da pressão.

Brunetti (2008) define a energia de pressão como sendo a energia que corresponde ao trabalho das forças de pressão atuantes no escoamento do fluido. É também uma energia potencial, pois temos uma energia armazenada pela pressão.

Vamos imaginar um tubo no qual é exercida uma pressão na área indicada na Figura 4.8.

Figura 4.8 – Pressão exercida em um tubo

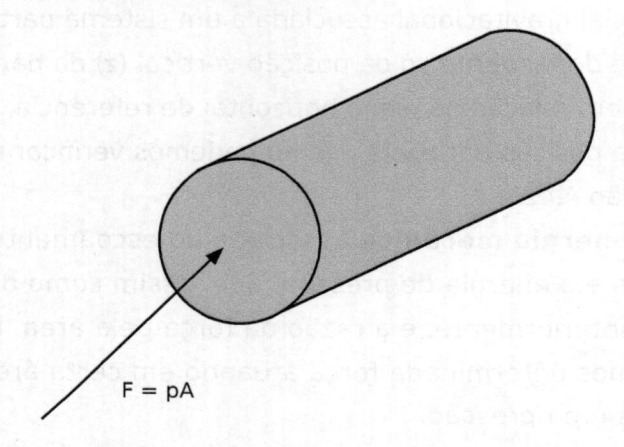

$F = pA$

Consequentemente, temos uma força que é igual a pressão vezes a área. Mais uma vez, sabemos que o trabalho é força vezes deslocamento, se formos pensar em termos de trabalho infinitesimal dw (um trabalho bem pequeno), podemos pensar da seguinte forma: após um pequeno intervalo de tempo (dt), a massa que estava, inicialmente, no início do tubo vai ter um pequeno deslocamento (ds), logo:

Equação 4.43

$$dW = Fd\,s$$

Veja que se multiplicarmos a área em que a pressão é aplicada, pelo deslocamento ds, temos um dv, o volume daquela área em que ocorreu um pequeno deslocamento. Sabendo que $F = P \cdot A$ e substituindo na Equação 4.43, obtemos:

Equação 4.44

$$dW = P \cdot A \cdot ds$$

Como já sabemos que $A \cdot ds$ é igual a dV, a Equação 4.44 torna-se:

Equação 4.45

$$dW = P \cdot dV$$

Logo, de acordo com a definição de energia de pressão apresentada anteriormente, na qual afirmamos que a energia de pressão é a energia potencial associada às forças decorrentes da pressão, então:

Equação 4.46

$$dW = dE_{pr}$$

Dessa forma, o trabalho infinitesimal é igual a energia de pressão infinitesimal. Como a Equação 4.46 é relativa ao trabalho infinitesimal, temos o trabalho em uma pequena área do tubo apresentado na Figura 4.8, se queremos determinar o trabalho e, consequentemente, a energia de pressão em cada ponto do tubo, devemos integrar ambos os membros da Equação 4.46, obtendo a energia de pressão global, apresentada na seguinte equação:

Equação 4.47

$$E_{pr} = \int_v p dV$$

A energia mecânica total de um fluido é a soma das energias cinética, de pressão e potencial.

A energia mecânica total do fluido, desconsiderando as energias térmicas e considerando apenas os efeitos mecânicos, é a soma de todas as energias envolvidas no escoamento de um fluido, ou seja:

Equação 4.48

$$E_t = E_c + E_p + E_{pr}$$

Sabendo que:

Equação 4.49

$$E_c = \frac{mV^2}{2}$$

Equação 4.50

$$E_p = mgz$$

Equação 4.51

$$E_{pr} = \int_V PdV$$

Substituindo as Equações 4.49, 4.50 e 4.51 na Equação 4.48, obtemos:

Equação 4.52

$$E_t = \frac{mV^2}{2} + mgz + \int_V PdV$$

Exercício resolvido

Um pato de massa 4.000 gramas voa com uma velocidade de 2 m/s. Em certo momento, o pato está a uma altura z de 6.000 metros e bate em um obstáculo, caindo em queda livre. Podemos dizer que a energia cinética do pato quando está voando de acordo com a primeira situação e a energia potencial do pato no exato momento em que ele bate no obstáculo e começa a cair são, respectivamente:

a) 4.000 J e 216.000 J.
b) 4.000 J e 216.000 KJ.
c) 4 J e 216.000 KJ.
d) 4 J e 216 KJ.
e) 4 KJ e 216 KJ.

Gabarito: d
Resolução: A energia cinética é determinada pela seguinte expressão:

$$E_c = \frac{mV^2}{2}$$

Necessitamos dos seguintes dados para determinar a energia cinética do pato quando está voando: massa do pato e velocidade com a qual voa. Ambas as informações são fornecidas pelo problema, mas as unidades de massa não se encontram no sistema internacional de unidades, por isso, precisamos fazer a conversão:

$$4000 \, g \frac{1 \, kg}{1000 \, g} = 4 \, kg$$

Agora podemos substituir os valores de massa (4 kg) e velocidade (2 m/s) na equação de energia cinética:

$$E_c = \frac{mV^2}{2} = \frac{(4\,kg)(2\,m/s)^2}{2} = 4kg \cdot \frac{m^2}{s^2} = 4\,J$$

A energia cinética do pato é 4 joules.

A energia potencial do pato no exato momento em que ele colide com o obstáculo e cai em queda livre, utilizamos a seguinte expressão:

$$E_p = mgz$$

Os dados de massa e altura são informados no problema e sabemos que a aceleração da gravidade (g) é 9,8 m/s². Como já realizamos a conversão das unidades de massa, basta substituirmos os valores necessários na equação de energia potencial:

$$E_p = (4\,kg)\,(9{,}8\,m/s^2)\,(6000\,m)$$

$$E_p = 216000\,J$$

Logo, a energia potencial do pato ao colidir com o obstáculo foi de 216.000 J ou 216 KJ.

A equação mais simples da energia é denominada *equação de Bernoulli*, ela envolve a energia total de um fluida considerando várias hipóteses.

4.5 Equação de Bernoulli

A equação de Bernoulli é a equação da energia ideal para um fluido ideal, veremos que ela é determinada a partir de várias hipóteses.

> A Equação de Bernoulli é usada em escoamentos ideais, nos quais se considera que os efeitos da viscosidade do fluido sejam desprezíveis. Embora essa situação física não seja encontrada na realidade prática, esse modelo matemático de Bernoulli permite obter informações estimadas de quantidades físicas de interesse. Nos escoamentos de um fluido incompressível e com efeitos da viscosidade desprezíveis, as variações de energia interna e a taxa de transferência de calor se anulam ou ambas são nulas, resultando em escoamentos sem perda de carga. Nessa situação, vamos proceder a um balanço global da energia. (Francisco, 2018, p. 107)

Construiremos aos poucos a equação da energia, para facilitar o entendimento iniciaremos pela equação da energia em sua forma mais simples e, em seguida, a estenderemos para situações mais complexas. Veremos que a equação da energia é regida por diversas hipóteses.

> Cada hipótese admitida cria um afastamento entre os resultados obtidos pela equação e os observados na prática. A equação de Bernoulli, devido ao grande número de hipóteses simplificadoras, dificilmente

poderá produzir resultados compatíveis com a realidade. No entanto, é de importância fundamental, seja conceitualmente, seja como alicerce da equação geral. (Brunetti, 2008, p. 87)

As hipóteses para obtenção da equação de Bernoulli a tornam uma equação viável apenas para fluidos ideais, o que, na prática, não existe. No entanto, ela é base para obter equações aplicáveis a fluidos reais e um modelo mais simples que se estende até um modelo mais complexo e útil para problemas práticos.

Como já mencionado, a equação de Bernoulli é a equação da energia mais simples, ela é baseada nas seguintes hipóteses:

1. escoamento em regime permanente, ou seja, as propriedades são constantes ao longo do tempo;
2. não há máquina no trecho do escoamento em estudo – não há bomba, turbina, compressor etc.;
3. o fluido em análise é um fluido ideal, ou seja, os efeitos viscosos são desconsiderados, não há perda de carga;
4. as propriedades são uniformes na seção, ou seja, as propriedades são as mesmas ao longo do escoamento;
5. o fluido é incompressível, logo, a variação da massa específica é desprezível;
6. não há troca de calor, ou seja, não existe troca de energia térmica.

Dessa forma, só podemos aplicar a equação de Bernoulli quando o problema se adéqua ou está muito próximo dessas hipóteses simplificadoras.

Considerando as hipóteses, 2, 3 e 6, verificamos que, no nosso sistema, não há energia entrando ou saindo, ou seja, a energia se conserva, essa é a lei da conservação da energia.

A fim de deduzir a equação de Bernoulli, considere o tubo de corrente apresentado na Figura 4.9. A linha tracejada no tubo de corrente é o centro do tubo, que é nossa referência.

Figura 4.9 – Tubo de corrente

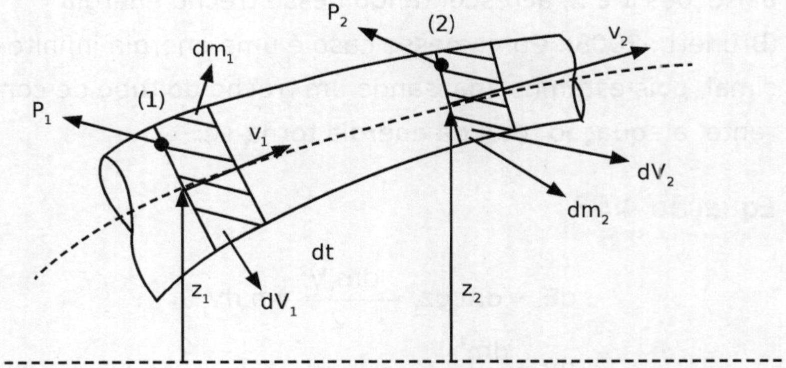

Fonte: Brunetti, 2008, p. 87.

Note que temos duas seções que estão a alturas z_1 e z_2, respectivamente, do plano horizontal de referência. Na seção 1, temos uma velocidade V_1 e uma pressão

P_1, da mesma forma temos uma velocidade V_2 e uma pressão P_2 na seção 2 do tudo de corrente.

Temos um fluido escoando através desse tubo de corrente, de modo que há uma massa de fluido prestes a entrar na seção 1, então, ao passar determinando intervalo de tempo dt, o fluido adentrará no sistema e percorrerá certo espaço de volume dV_1, correspondente ao deslocamento do fluido.

Ao mesmo tempo, na seção 2, o fluido passará pela seção 2 e sairá do volume de controle.

Assim, após passar o intervalo de tempo dt, uma massa infinitesimal dm1, de fluido a montante (antes) da seção 1, atravessa e penetra o trecho que está entre as seções 1 e 2, acrescentando nesse trecho energia (Brunetti, 2008). Como nesse caso é uma energia infinitesimal, pois estamos analisando um trecho do tubo de corrente, a equação total da energia torna-se:

Equação 4.53

$$dE_1 = dm_1 g z_1 + \frac{dm_1 V_1^2}{2} + p_1 dV_1$$

$$dV = \frac{dm}{\rho}$$

$$\rho_1 = \rho_2 = \rho$$

$$z + \frac{V^2}{2} + \frac{p}{\rho}$$

Por outro lado, na seção 2, uma massa de fluido dm_2, pertencente ao trecho entre as seções 1 e 2, passa pela seção 2 e sai do volume de controle lavando energia (Equação 4.54).

Equação 4.54

$$dE_2 = dm_2 gz_2 + \frac{dm_2 V_2^2}{2} + p_2 dV_2$$

Como já mencionado, de acordo com as hipóteses 2, 3 e 6, não há variação de energia, isto é, a energia se conserva, de modo que a energia acrescentada em 1 é igual a energia em 2, na saída, ou seja:

Equação 4.55

$$dE_1 = dE_2$$

Substituindo as Equações 4.53 e 4.54 na Equação 4.55, obtemos:

Equação 4.56

$$z_2 = \frac{300\,kPa}{(1000\,kg/m^3)(9,81\,m/s^2)} \left(\frac{1000\,N/m^2}{1\,kPa} \right) \left(\frac{1\,kg \cdot m/s^2}{1\,N} \right)$$

Uma vez que a massa específica é definida pela razão da massa pelo volume – em nosso caso, é a análise de uma parte do tubo de corrente:

Equação 4.57

$$\rho = \frac{dm}{dv}$$

Colocando dV em evidência na Equação 4.57:

Equação 4.58

$$dV = \frac{dm}{\rho}$$

Substituindo a Equação 4.58 na Equação 4.56, obtemos:

Equação 4.59

$$dm_1 gz_1 + \frac{dm_1 V_1^2}{2} + \frac{p_1}{\rho_1} dm_1 = dE_2 = dm_2 gz_2 + \frac{dm_2 V_2^2}{2} + \frac{p_2}{\rho_2} dm_2$$

Da hipótese 5, o fluido é incompressível, portanto, a massa específica na seção 1 é igual a massa específica na seção 2, logo:

Equação 4.60

$$\rho_1 = \rho_2 = \rho$$

Como o regime é permanente (hipótese 1), a massa que entra no volume de controle, dm_1, é igual a massa que sai dele, dm_2:

Equação 4.61

$$dm_1 = dm_2$$

Substituindo as afirmativas presentes nas Equações 4.60 e 4.61 na Equação 4.57, obtemos:

Equação 4.62

$$dm\left(gz_1 + \frac{V_1^2}{2} + \frac{p_1}{\rho_1}\right) = dm\left(gz_2 + \frac{V_2^2}{2} + \frac{p_2}{\rho_2}\right)$$

Como temos dm em ambos os membros da Equação 4.62, esta tona-se:

Equação 4.63

$$gz_1 + \frac{V_1^2}{2} + \frac{p_1}{\rho_1} = gz_2 + \frac{V_2^2}{2} + \frac{p_2}{\rho_2}$$

Se dividirmos ambos os lados da equação pela aceleração da gravidade e levarmos em consideração que peso específico é o produto da massa específica pela aceleração da gravidade, a Equação 4.63 torna-se:

Equação 4.64

$$z_1 + \frac{V_1^2}{2g} + \frac{p_1}{\gamma} = z_2 + \frac{V_2^2}{2g} + \frac{p_2}{\gamma}$$

Essa é a equação da energia em sua forma mais simples, ou seja, a equação de Bernoulli, e cada termo dela tem um ignificado. De acordo com Brunetti (2008),

Z é a parcela que índica a energia potencial por unidade de peso ou energia potencial de uma partícula de peso unitário, $v^2/2g$ é a energia cinética de uma partícula de peso unitário e p/Y é a energia de pressão por unidade de peso.

A soma dessas parcelas é chamada de *carga de energia*.

Equação 4.65

$$z + \frac{V^2}{2} + \frac{p}{\rho} = H$$

Dessa forma, a equação de Bernouli pode ainda ser escrita em termos de carga total em cada seção:

Equação 4.66

$$H_1 = H_2$$

Essa equação poderá ser enunciada da seguinte forma: Se, entre duas seções do escoamento, o fluido for incompressível, sem atritos, e o regime permanente, se não houver máquina nem trocas de calor, então as cargas totais se manterão constantes em qualquer seção, não havendo nem ganhos nem perdas de carga. (Brunetti, 2008, p. 89)

Exercício resolvido

Água escoa em uma mangueira a uma pressão manométrica de 300 kPa. Uma pessoa vê o desperdício e tenta contê-lo, de imediato põe a dedo na saída de água da mangueira e cobre a maior parte dela, como consequência, surge um jato fino de água. Qual a altura máxima do jato de água se a mangueira for mantida na vertical?

a) 30,86 m
b) 3.086 m
c) 3,86 m
d) 30,66 mm

Gabarito: a

Resolução: Analisando a situação, como o fluido é água, é considerado ideal e incompressível, então, não há máquinas envolvidas no escoamento nem trocas de calor. Considerando o escoamento uniforme e permanente, podemos utilizar a equação de Bernoulli para determinar a altura máxima que o jato pode atingir:

$$z_1 + \frac{V_1^2}{2g} + \frac{p_1}{\gamma} = z_2 + \frac{V_2^2}{2g} + \frac{p_2}{\gamma}$$

A seção 1 é a saída da mangueira e a seção 2 é a altura máxima atingida pelo jato. A densidade da água é de 1.000 kg/m³. Analisando a seção, a velocidade dentro da mangueira (no bocal próximo a sua saída) é muito baixa, de modo que podemos considerá-la nula, logo, $V_1 = 0$, e a saída da mangueira o nível de referência

$z_1 = 0$. Na seção 2, quando o jato atinge sua altura máxima, a velocidade será nula, pois ele para se subir e começa a descer, logo, $V_2 = 0$, e a pressão é a pressão atmosférica, assim, a equação de Bernoulli torna-se:

$$\frac{p_1}{\rho g} = z_2 + \frac{patm}{\rho g}$$

Como estamos interessados em determinar z_2, vamos isolá-lo na equação anterior:

$$z_2 = \frac{p_1 - patm}{\rho g}$$

Com os dados informados no problema:

$$z_2 = \frac{300 \text{kPa}}{(1000 \text{ kg/m}^3)(9,81 \text{ m/s}^2)} \left(\frac{1000 \text{ N/m}^2}{1 \text{ kPa}}\right)\left(\frac{1 \text{ kg} \cdot \text{m/s}^2}{1 \text{ N}}\right) = 30,86 \text{ m}$$

Equação geral da energia e introdução à perda de carga

5

Conteúdos do capítulo:

- Equação da energia na presença de uma máquina.
- Potência de uma máquina.
- Rendimento de uma máquina.
- Equação da energia para um fluido real.
- Generalização da equação da energia para um regime permanente.
- Perda de carga.

Após o estudo deste capítulo, você será capaz de:

1. realizar um balanço de energia em um escoamento na presença de uma máquina;
2. conceituar potência e rendimento;
3. determinar a potência e o rendimento de uma máquina;
4. realizar um balanço de energia em um escoamento na presença de uma máquina e para um fluido real;
5. realizar um balanço de energia geral para um regime permanente;
6. conceituar perda de carga.

Anteriormente, estudamos e desenvolvemos a equação da energia em sua forma mais simples, a chamada *equação de Bernoulli*, mas vimos que ela é repleta de simplificações e hipóteses, motivo pelo qual só podemos utilizá-la para sistemas que obedecem a essas hipóteses ou chegam muito próximos delas.

A equação de Bernoulli possibilita realizar um balanço de energia para o escoamento do fluido, mas, como mencionado, ela apresenta limitações. Assim, se quisermos determinar um balanço de energia para um escoamento que apresente uma máquina (bomba ou turbina) no trecho ou para um fluido real, a equação de Bernoulli não é aplicável.

Contudo, essa equação serve como base para entendermos a equação da energia geral, que nos possibilita realizar o balanço de energia com um fluido real e na presença de uma máquina.

Nesse contexto, neste capítulo, trabalharemos a equação geral de energia, bem como abordaremos alguns conceitos referentes às máquinas e introduziremos o conceito de perda de carga, essencial nos escoamentos e no dimensionamento de máquinas.

5.1 Equação da energia

Partindo da equação de Bernoulli, podemos chegar à equação geral da energia, retirando as hipóteses simplificadoras da equação de Bernoulli aos poucos.

Vamos iniciar a obtenção da equação da energia retirando a hipótese 2, ou seja, agora no escoamento existe uma máquina no trecho em análise.

Antes de iniciarmos a dedução da equação da energia na presença de uma máquina, necessitamos entender o que é definido como máquina no estudo da mecânica dos fluidos. Uma máquina é um dispositivo presente no escoamento que fornece ou que retira energia do fluido em forma de trabalho.

> Uma máquina [...] é um dispositivo que realiza trabalho sobre o fluido ou extrai trabalho (ou potência de um fluido) [...]. As máquinas de fluxo podem ser classificadas, de modo amplo, como máquinas de deslocamento positivo ou como máquinas dinâmicas. Nas máquinas de deslocamento positivo, a transferência de energia é feita por variações de volume que correm devido ao movimento de fronteira na qual o fluido está confinado. Essas incluem dispositivos do tipo cilindro-pistão, bombas de engrenagem [...] e bombas de lóbulos [...]. Os dispositivos fluido mecânicos que direcionam o fluxo com lâminas ou pás fixadas em um elemento rotativo são denominadas turbo máquinas. [...] Todas as interações de trabalho numa turbo máquina resultam de efeitos dinâmicos do rotor sobre a corrente de fluido. Esses dispositivos são largamente usados na indústria para geração de potência. (Fox; Pritchard; McDonald, 2010, p. 434)

No capítulo anterior, quando estudamos eficiência de um dispositivo, mencionamos que uma bomba é um dispositivo ou máquina que fornece energia a um fluido e uma turbina é a máquina que extrai energia de um fluido.

Considere a Figura 5.1, na qual temos um escoamento em que há a presença de uma máquina.

Figura 5.1 – Escoamento na presença de uma máquina

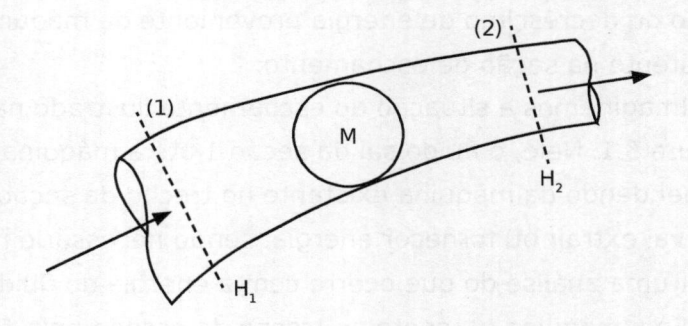

Fonte: Brunetti, 2008, p. 91.

Na seção 1, temos um H_1, ou seja, a carga total na seção 1 engloba a energia cinética, de pressão e potencial do fluido; na seção 2, temos o H_2.

Equação 5.1

$$z + \frac{V^2}{2} + \frac{p}{\rho} = H$$

Da equação de Bernoulli, como não há perdas durante o escoamento, a carga total se conserva, ou seja, a carga total na seção 1 (H_1) é igual a carga total na seção 2 (H_2), ou seja:

Equação 5.2

$$H_1 = H_2$$

Porém, retiramos a hipótese 2 da equação de Bernoulli, pois no trecho do escoamento em questão existe uma máquina. Dessa forma, o fluido que esta escoando não sai simplesmente da seção 1 para a seção 2 com sua carga total conservada, uma vez que há acréscimo ou decréscimo de energia proveniente da máquina existente na seção de escoamento.

Imaginemos a situação do escoamento ilustrado na Figura 5.1. Nele, o fluido sai da seção 1 até a máquina, dependendo da máquina existente no trecho da seção, ela vai extrair ou fornecer energia, sendo necessário realizar uma análise do que ocorre com a energia do fluido.

Se a máquina presente no trecho do escoamento for uma bomba, teremos um acréscimo na carga total da seção 1 (H_1), como ilustra a Figura 5.2. De acordo com Fox, Pritchard e McDonald (2010), as bombas são as máquinas que adicionam energia a um fluido.

Como podemos observar na Figura 5.2, até a entrada da bomba, a energia do fluido ainda é H_1, uma vez que até lá não há perdas. Após o fluido deixar a bomba, sua energia é H_1 mais a energia fornecida pela bomba (H_B), chamada de *altura manométrica da bomba*.

Figura 5.2 – Escoamento na presença de uma bomba

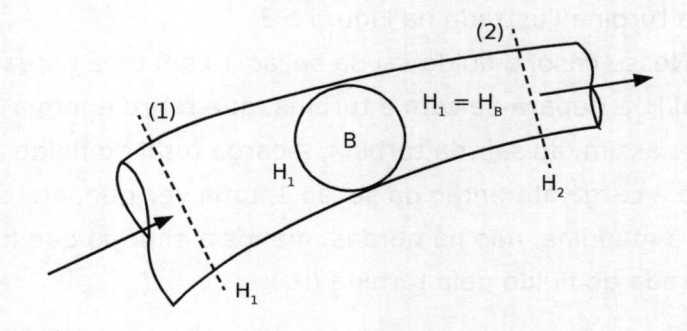

Fonte: Elaborado com base em Brunetti, 2008.

A equação da energia na presença de uma bomba é:

Equação 5.3

$$H_1 + H_B = H_2$$

Da Equação 5.3, concluímos que o fluido sai da seção 1 com uma carga total de energia H_1, ao passar pela bomba, ganha energia e sai com energia $H_1 + H_B$ e chega à seção 2 com a energia da seção 1 mais a energia fornecida pela bomba.

E se, no lugar da bomba, a máquina fosse uma turbina? De acordo com Fox, Pritchard e McDonald (2010), as turbinas são máquinas que extraem energia de um fluido na forma de trabalho ou de potência.

Como a turbina retira energia do fluido, ao contrário do que acontece quando a máquina é uma bomba, a energia é subtraída, e não adicionada, como podemos observar na situação de escoamento com a presença de uma turbina ilustrada na Figura 5.3.

Nesse caso, o fluido sai da seção 1 com uma carga total H_1 e depara-se com a turbina, que retira energia dele; assim, ao sair da turbina, a carga total do fluido será a carga até então da seção 1, uma vez que, até chegar à máquina, não há perdas, menos a energia que foi retirada do fluido pela turbina (H_T):

Equação 5.4

$$H_1 - H_T = H_2$$

Podemos também escrever a Equação 5.4 da seguinte forma:

Equação 5.5

$$H_1 = H_T + H_2$$

De forma geral, a equação da energia na presença de uma máquina é a seguinte:

Equação 5.6

$$H_1 + H_M = H_2$$

Figura 5.3 – Escoamento na presença de uma turbina

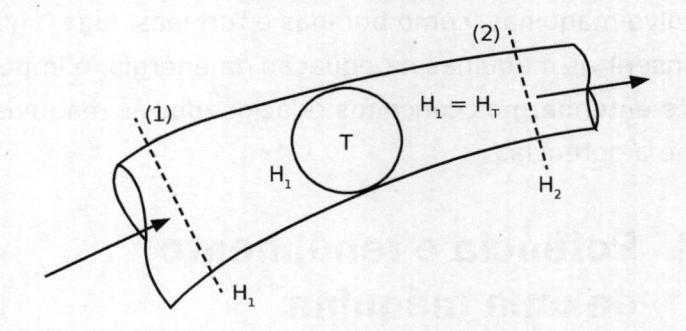

Fonte: Elaborado com base em Brunetti, 2008.

Sendo $H_M = H_B$ quando a máquina é uma bomba e $H_M = -H_T$ quando a máquina é uma turbina, a carga total é assim calculada:

Equação 5.7

$$z + \frac{V^2}{2} + \frac{p}{\rho} = H$$

Logo, substituindo a Equação 5.7 na Equação 5.6, a equação da energia na presença de uma máquina é:

Equação 5.8

$$z_1 + \frac{V_1^2}{2} + \frac{p_1}{\rho} + H_M = z_2 + \frac{V_2^2}{2} + \frac{p_2}{\rho}$$

Note, por meio da Equação 5.8, que a presença de uma máquina no trecho do escoamento causa uma alteração na carga total do fluido.

Na maioria das vezes, o escoamento de um fluido envolve máquinas, como bombas e turbinas, logo, antes de inserir as máquinas na equação da energia, é importante entendermos conceitos relacionados às máquinas, como a potência.

5.2 Potência e rendimento de uma máquina

Potência é o quociente entre energia e tempo. A potência de uma máquina corresponde à relação entre energia e tempo que a máquina fornece ou extrai do fluido e é chamada de *potência hidráulica* (P_h).

Matematicamente falando, a potência é trabalho por unidade de tempo, como descreve a Equação 5.9.

Equação 5.9

$$\text{Potência} = \frac{\text{trabalho}}{\text{unidade de tempo}}$$

A unidade de potência é o Joule por segundo, ou seja, os *watts*.

De acordo com Brunetti (2008), trabalho é um tipo de energia mecânica. Assim, é possível generalizar potência como qualquer energia mecânica por unidade de tempo. A potência hidráulica, considerando a Equação 5.9, é a razão entre o trabalho, ou seja, energia mecânica e o tempo.

Equação 5.10

$$\text{Potência hidráulica} = \frac{\text{energia mecânica}}{\text{unidade de tempo}}$$

Multiplicando e dividindo a Equação 5.10 pelo peso do fluido, obtemos:

Equação 5.11

$$P_h = \frac{\text{energia mecânica}}{\text{peso}} \times \frac{\text{peso}}{\text{unidade de tempo}}$$

Ao deduzirmos a equação de Bernoulli, vimos que a energia por unidade de peso é igual a carga, bem como o peso dividido por unidade de tempo é vazão em peso. Com isso, a Equação 5.10 torna-se:

Equação 5.12

$$P_h = (\text{carga})\, Q_g$$

A vazão em peso é dada segundo a Equação 5.13, ou seja, pelo produto entre peso específico e vazão volumétrica.

Equação 5.13

$$Q_G = \Upsilon Q$$

Podemos reescrever a Equação 5.12 da seguinte forma:

Equação 5.14

$$P_h = (\text{carga})\, \gamma Q$$

Por fim, sabendo-se que o peso específico é o produto da massa específica pela gravidade, a potência hidráulica é:

Equação 5.15

$$P_h = \rho g Q H$$

Nesse caso, H é a carga manométrica da máquina. Quando a máquina for uma bomba, a carga manométrica será a energia fornecida pela bomba (H_B), e quando a máquina for uma turbina, a carga manométrica será a energia retirada pela turbina (H_T) (Equações 5.16 e 5.17).

Equação 5.16

$$P_h = \rho g Q H_B$$

Equação 5.17

$$P_h = \rho g Q H_T$$

Conforme Alé (2011), a potência da energia adicionada ou extraída por sistemas mecânicos, como bombas, turbinas e ventiladores, pode ser determinada por meio do produto entre a energia transferida por unidade de peso de fluido e o fluxo de peso que escoa através do sistema.

No capítulo anterior, definimos eficiência de uma máquina, que se trata da quantidade de energia mecânica que o dispositivo consegue transferir, podemos também chamar essa quantidade de *rendimento* e defini-la em termos de potência hidráulica da máquina.

A potência transferida ou retirada do fluido e aproveitada por ele não coincide com a potência real e disponível, uma vez que não existe uma máquina com 100% de eficiência. A relação entre a energia aproveitada e a energia disponível (Equação 5.18) é o rendimento (η) da máquina.

Podemos calcular o rendimento de uma máquna pela razão do menor valor de potência (energia aproveitada) dividido pelo maior valor de potência (potência disponível na máquina).

Equação 5.18

$$H = \frac{\text{potência aproveitada}}{\text{potência disponível}}$$

O fato de a energia disponível não ser igual a energia utilizada se deve às perdas que ocorrem em todos os sistemas, sejam perdas por atrito, sejam por fuga de calor, entre outros.

Vamos analisar o rendimento da máquina para quando ela é uma bomba, como a presente na Figura 5.4.

Imagine a instalação de bombeamento apresentada na figura, na qual a energia é fornecida por um motor elétrico. Nesse caso, teremos a potência elétrica (Pel), ou seja, uma quantidade de energia que deve entrar no motor para que este forneça energia à bomba.

Assim como já mencionado, a quantidade de energia disponível no motor elétrico não é igual a energia utilizada pela bomba, pois, nesse caso, também há perdas, principalmente perdas mecânicas. Assim, temos também um rendimento elétrico, pois a energia elétrica que entra no motor não é a mesma fornecida a seu eixo. Além da potência elétrica, temos também nesse sistema de bombeamento a potência de eixo (Pe), na qual parte da potência de eixo se transforma em potência hidráulica pelo rendimento da bomba.

Figura 5.4 – Rendimento de uma bomba

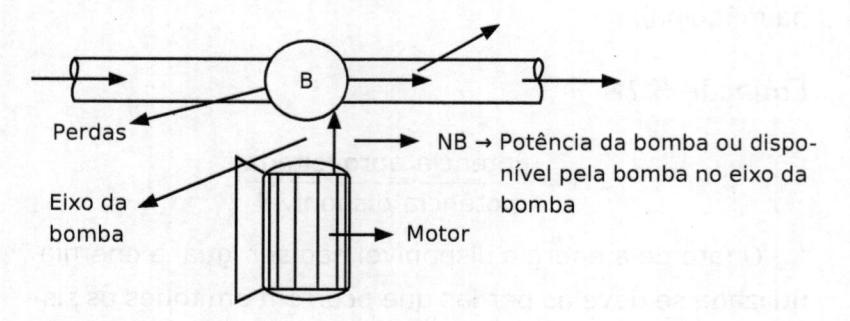

Perdas

Eixo da bomba

Motor

NB → Potência da bomba ou disponível pela bomba no eixo da bomba

Fonte: Elaborado com base em Brunetti, 2008.

Para determinar o rendimento, realizamos o quociente entre a menor potência disponível e a maior potência disponível, no caso específico da bomba, desconsideramos sua parte elétrica (motor). A potência de eixo é maior que a potência hidráulica em razão das perdas. Assim, o rendimento da bomba é:

Equação 5.19

$$\eta_B = \frac{\text{potência hidráulica}}{\text{potência de eixo}} = \frac{P_h}{P_e}$$

Substituindo a Equação 5.16 na Equação 5.19, obtemos que o rendimento da bomba é dado por:

Equação 5.20

$$\eta_B = \frac{\text{Á}gQH_B}{Pe}$$

Ao olharmos o catálogo de um fabricante de bomba nos deparamos apenas com o parâmetro H, que nada mais é do que o H_B, ou seja, a altura manométrica da bomba. Nos catálogos, dificilmente encontramos a potência de eixo da bomba, pois, de acordo com a Equação 5.20, ela depende da massa específica, que varia de acordo com o fluido bombeado.

Da mesma forma que analisamos o rendimento de uma bomba, vamos analisar o rendimento de uma turbina, como a presente na Figura 5.5.

Figura 5.5 – Rendimento de uma turbina

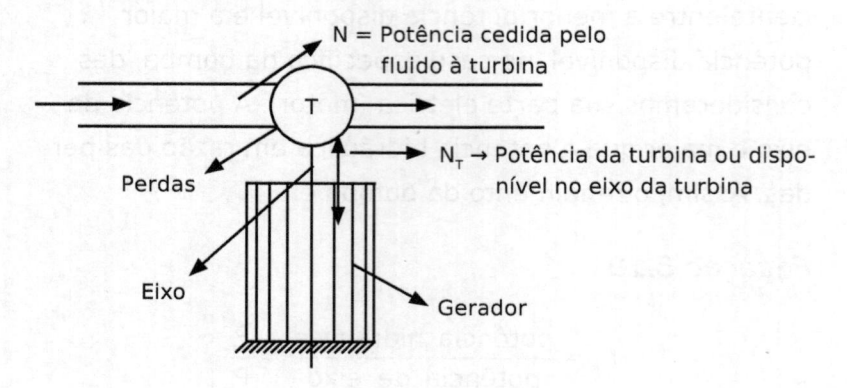

N = Potência cedida pelo fluido à turbina

N_T → Potência da turbina ou disponível no eixo da turbina

Perdas

Eixo

Gerador

Fonte: Brunetti, 2008, p. 93.

Da mesma forma que ocorre quando a máquina presente no trecho de escoamento é uma bomba, a potência aproveitada não coincide com a disponível, mas a potência maior, nesse caso, não é a potência de eixo, e sim a potência hidráulica. Veja, na Figura 5.5, que a potência hidráulica chega na turbina, que extrai parte dessa energia do fluido e com o rendimento da bomba transforma a potência hidráulica em potência de eixo, que, por sua vez, vai para o gerador. Dessa forma, o rendimento da turbina é:

Equação 5.21

$$\eta_T = \frac{\text{potência de eixo}}{\text{potência hidráulica}} = \frac{P_e}{P_h}$$

Substituindo a Equação 5.17 na Equação 5.21, obtemos que o rendimento da turbina é dado por:

Equação 5.22

$$\eta_T = \frac{P_e}{\text{Ág}QH_T}$$

Exercício resolvido

Pretende-se levar um fluido do reservatório 1 para o reservatório 2, sendo necessária a ação de uma máquina. Assim, uma máquina fornece água do reservatório 1 para o reservatório 2 conforme ilustrado na figura a seguir. O reservatório 1 tem grandes dimensões, o fluido é considerado ideal e escoa para o reservatório 2 a uma vazão de 15 litros/segundo. Diante dessa situação e sabendo que o rendimento dessa máquina é de 70%, podemos dizer:

Informações adicionais: o peso específico da água é $10^4 N/m^3$; as áreas do tubo de saída de água são 15 cm^2; e a aceleração de gravidade é $10 m/s^2$.

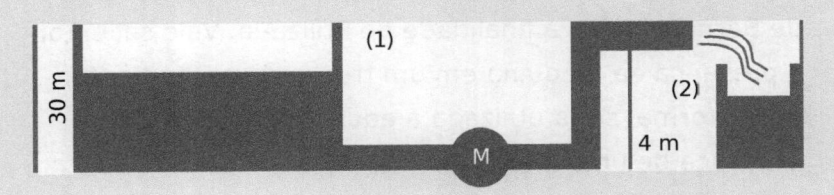

a) Nessa situação, não é possível utilizar a equação de Bernoulli, pois a máquina presente no trecho do escoamento é uma turbina e sua potência de eixo é 5.785,71 w.

b) Nessa situação, é possível utilizar a equação de Bernoulli, pois a máquina presente no trecho do escoamento é uma bomba e sua potência de eixo é 5.785,71 w.

c) Nessa situação, é possível utilizar a equação de Bernoulli adicionando a ela a máquina presente no trecho do escoamento, que é uma bomba e tem potência de eixo de 5.785,71 w.

d) Nessa situação, é possível utilizar a equação de Bernoulli adicionando a ela a máquina presente no trecho do escoamento, que é uma bomba e tem potência de eixo de 5.785,71 Kw.

e) Nessa situação, utiliza-se a equação geral da energia, pois não é possível utilizar a equação de Bernoulli adicionando a máquina presente no trecho do escoamento. A máquina presente no trecho do escoamento é uma bomba e sua potência de eixo é 5.785,71 Kw.

Gabarito: c

Resolução: Inicialmente, é necessário verificar as condições de escoamento para conferir se elas coincidem ou se aproximam das hipóteses que regem a equação de Bernoulli, com a finalidade de utilizá-la. Vale salientar a presença da máquina em um trecho do escoamento, dessa forma, seria utilizada a equação de Bernoulli na presença de uma máquina.

O enunciado do problema pede que considere a água como um fluido ideal, de modo que é possível aplicar da seção 1 até a seção 2 a equação de Bernoulli. Como o reservatório 1 é de grandes dimensões, para que o nível da água varie consideravelmente, levar grande intervalo de tempo. Dessa forma, podemos dizer que o nível, assim como a velocidade do fluido no nível do reservatório, são constantes com o tempo, considerando o regime permanente.

Diante das considerações, que se aproximam das hipóteses simplificadoras da equação de Bernoulli, podemos dizer que:

$$H_1 + H_M = H_2$$

Sendo:

$$z + \frac{V^2}{2} + \frac{p}{\rho} = H$$

Então, a equação de Bernoulli na presença de uma máquina para a referida situação é:

$$z_1 + \frac{V_1^2}{2} + \frac{p_1}{\rho} + H_M = z_2 + \frac{V_2^2}{2} + \frac{p_2}{\rho}$$

Sendo a base de ambos os reservatórios nosso plano horizontal de referência:

$$Z_1 = 30 \text{ m e } Z_2 = 4\text{m}$$

Então:

$$30 + \frac{V_1^2}{2} + \frac{p_1}{\rho} + H_M = 4 + \frac{V_2^2}{2} + \frac{p_2}{\rho}$$

Como já estudamos anteriormente, existe mais de um tipo de pressão, a pressão presente na equação de Bernoulli é a pressão efetiva, ou seja, a pressão em relação à pressão atmosférica. Assim, como na seção 1 a pressão é no nível do reservatório, que já se encontra em uma pressão atmosférica, a pressão efetiva é zero (Pef – Pef = 0), o mesmo ocorre na seção 2, na qual a água é despejada no segundo reservatório, uma vez que o fluido já se encontra a uma pressão atmosférica, sua pressão efetiva é zero. Então, nossa equação torna-se:

$$30 + \frac{V_1^2}{2} + H_M = 4 + \frac{V_2^2}{2}$$

Antes de iniciarmos a resolução do problema, consideramos o nível do reservatório constante, de modo que a velocidade na seção 1 é nula, logo:

$$30 + H_M = 4 + \frac{V_2^2}{2}$$

No problema, não temos a velocidade na seção 2, mas temos dados referentes à vazão em volume e à área da seção, motivo pelo qual podemos determinar a velocidade do fluido na seção 2.

A vazão volumétrica é obtida pelo produto da velocidade do fluido pela área da seção, ou seja:

$$Q = VA$$

Dessa forma:

$$V_2 = \frac{Q}{A}$$

Então:

$$V_2 = \frac{15 \cdot 10^{-3}}{15 \cdot 10^{-4}} = 10 \text{ m/s}$$

Logo:

$$30 + H_M = 4 + \frac{(10)^2}{2}$$

$$30 + H_M = 4 + \frac{100}{2}$$

$$30 + H_M = 4 + 50$$

$$30 + H_M = 54$$

$$H_M = 54 - 30 = 24$$

Como H_M é positivo, concluímos que a máquina é uma bomba. O rendimento de uma bomba é determinado segundo a seguinte equação:

$$\eta_B = \frac{\text{Á}gQH_B}{Pe}$$

Como o rendimento é de 70%, ρg é o peso específico, que é $10^4 N/m^3$, Q é a vazão volumétrica e $H_B = H_M$, podemos encontrar a potência de eixo da bomba:

$$P_e = \frac{(10^4)15 \cdot 10^{-3}(24)}{0,7} = 5785,71 \text{ w}$$

Para desenvolvermos e entendermos a equação geral da energia, vamos continuar nos baseando na equação de Bernoulli com a presença de uma máquina, desenvolvida no tópico anterior. No entanto, como queremos a equação da energia geral, nosso fluido que está escoando é um fluido real, ou seja, as hipóteses de fluido ideal e de que não há perdas durante o escoamento serão retiradas.

Permanecerão as hipóteses de escoamento permanente e as de fluido incompressível e propriedades uniformes. Vale salientar que consideramos que não há trocas de calor induzidas, mas, como agora existe perda de energia por atrito, devemos lembrar que não existe troca de calor proposital. Todavia, é intrínseca a perda de energia por atrito e o fluido perde calor para o ambiente, a essas perdas chamamos de *perda de carga*.

5.3 Equação da energia para um fluido real

O escoamento em análise agora e no qual será realizado o balanço de energia é um fluido real – os efeitos da viscosidade, que antes eram desprezíveis, serão considerados, de modo que teremos perdas por atrito entre o próprio fluido. Utilizando como base a equação de Bernoulli, temos $H_1 = H_2$, considere o volume de controle a seguir e o escoamento de um fluido a partir desse volume.

Figura 5.6 – Escoamento de um fluido em um volume de controle

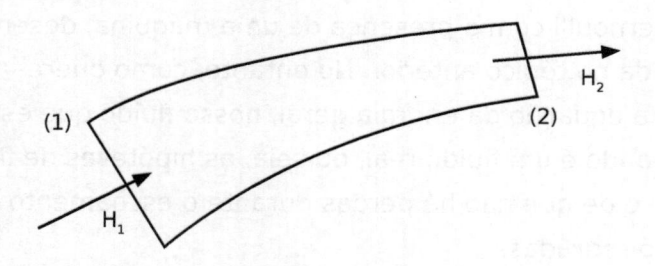

Fonte: Elaborado com base em Brunetti, 2008.

Assim como em todos os escoamentos analisados até então, na seção 1, temos H_1 com suas respectivas cargas cinética de pressão e potencial, assim como na seção 2 temos H_2 com suas respectivas cargas cinéticas, de pressão e potencial.

Devemos, porém, nos atentar que agora nossa análise considera o escoamento de um fluido real, dessa forma, à medida que o fluido se desloca da seção 1 para a seção 2 devido a viscosidade, ou seja, atrito interno do próprio fluido, há perdas de energia ao logo do escoamento, logo, uma parte dessa energia é dissipada.

A energia dissipada ao logo do escoamento é denominada *perda de carga*, pois, inicialmente, temos uma carga total H_1 e, ao chegar na seção 2, temos menos energia do que tínhamos na seção 1 devido às perdas de carga ao logo do caminho, ou seja, perda de carga é a perda de energia na forma de altura de energia, assim, quando falamos em perda de carga, estamos falando que há perda de pressão, de velocidade e até mesmo de altura (Z). Com isso, H_1 deixa de ser igual a H_2.

Exemplificando

Para entender melhor essas perdas de energia por atrito, imagine que você carregue em suas duas mãos uma porção de areia que pretende levar de um local para outro. Você caminha do ponto onde está até o local em que quer levar essa porção de areia. A área percorrida representa a energia. Ao longo do caminho, parte da areia vai escapando de suas mãos, uma vez que não é possível conter toda a porção durante o percurso. Você, então, chega ao local final com menos areia do que tinha em seu ponto inicial. É isso o que ocorre com a energia ao longo do escoamento.

> No escoamento de um fluido real, verificamos que algumas formas de energia sofrem mudanças, devido principalmente ao efeito da viscosidade. A viscosidade é a propriedade física responsável pela resistência ao escoamento do fluido, que causa atritos internos e, posteriormente, transferências de calor. Quando parcela da energia é dissipada para o ambiente em forma de calor, um balanço global da energia mostra que está havendo uma perda de energia mecânica no escoamento. Isso, por exemplo, ocorre no escoamento da água através de um tubo, onde a pressão ou a vazão da água podem chegar à saída do tubo com um valor inferior ao previsto idealmente. Para evitar ou compensar essa queda de pressão ou de vazão, torna-se importante avaliar o montante da energia dissipada, que é formalmente chamada de perda de carga. (Francisco, 2018, p. 93)

Existem dois tipos de perdas de cargas, a localizada e a distribuída, as quais estudaremos mais adiante. Por ora, generalizemos a perda de carga como a perda de energia ao longo do escoamento devido ao atrito, a qual iremos simbolizar com $Hp_{1,2}$, ou seja, perda de carga entre as seções 1 e 2 ou, ainda, energia perdida por unidade de tempo entre 1 e 2 (Figura 5.7).

A equação de energia é novamente:

Equação 5.23

$$H_1 = H_2$$

Entretanto, foi perdido energia ao longo do caminho ($Hp_{1,2}$). Portanto, a energia da seção (H_1) chega à seção 2 com esse decréscimo de energia:

Equação 5.24

$$H_1 - Hp_{1,2} = H_2$$

Ou ainda:

Equação 5.25

$$H_1 = H_2 + Hp_{1,2}$$

Com a Equação 5.25, podemos ainda definir uma expressão para determinar a perda de carga total da seção 1 à seção 2. Isolando $Hp_{1,2}$ na Equação 5.25, obtemos:

Equação 5.26

$$Hp_{2,1} = H_1 - H_2$$

Figura 5.7 – Escoamento de um fluido real com perda de carga

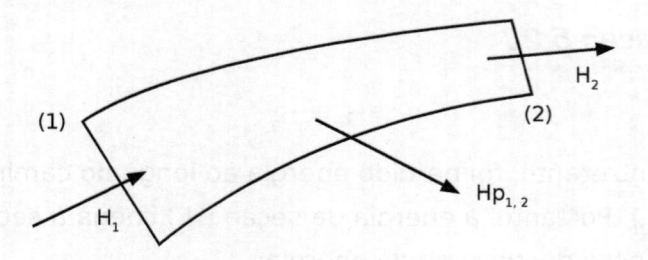

(1) (2) H_2

H_1 $Hp_{1,2}$

Fonte: Brunetti, 2008, p. 95.

A existência de atrito no escoamento do fluido provoca uma dissipação de energia que, por unidade de peso, é computada matematicamente [...] pela perda de carga. Note-se que a ideia de perda de carga é introduzida para balancear a equação, sem objetivo de procurar explicar o paradeiro da energia que vai sendo perdida pelo fluido ao longo de seu escoamento. Observa-se também que, a essa altura, ainda são vigentes as hipóteses de fluido incompressível (ρ = cte) e da ausência de trocas induzidas de calor. Conclui-se, portanto, que a ideia de perda de carga está ligada a essas hipóteses e que, se elas falharem, esse temor da equação de energia severa ser introduzido e interpretado de outras maneiras. (Brunetti, 2008, p. 102)

Se no trecho do escoamento da Figura 5.7 existir uma máquina, bomba ou turbina, devemos acrescentar a energia fornecida, no caso de uma bomba, ou extraída do fluido, no caso de uma turbina.

Considere a Figura 5.8, que ilustra o escoamento de um fluido real em um trecho do escoamento em que há uma máquina. Na seção 1, temos a energia H_1 e, na seção 2, a energia H_2, entre a seção 1 e 2 teve as perdas devido ao atrito, $Hp_{1,2}$. Além disso, existe uma máquina, de modo que o fluido sai da seção 1 até chegar à máquina. Se a máquina for uma bomba, terá um acréscimo na energia da seção 1, ou seja, $H_1 + H_B$ (Equação 5.27); caso a máquina seja uma turbina, terá um decréscimo na energia da seção 1, ou seja, $H_1 + H_T$ (Equação 5.28). Considerando, além da perda de carga, o acréscimo ou o decréscimo de energia, em decorrência da máquina, será:

Equação 5.27

$$H_1 + H_B = H_2 + Hp_{1,2}$$

Equação 5.28

$$H_1 + H_T = H_2 + Hp_{1,2}$$

Figura 5.8 – Escoamento de um fluido real na presença de uma máquina

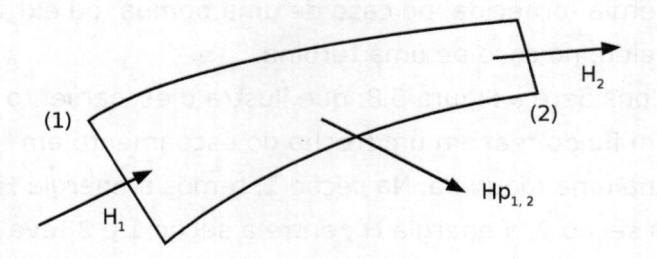

Fonte: Brunetti, 2008, p. 95.

Podemos escrever a equação da energia geral da seguinte forma:

Equação 5.29

$$H_1 + H_M = H_2 + Hp_{1,2}$$

Sendo $H_M = H_B$ para os casos nos quais a máquina presente no trecho do escoamento é uma bomba e $-H_T$ para quando a referida máquina é uma turbina.

Até então, as equações apresentadas para balanço de energia com fluido real dizem respeito a volumes de controle que apresentam apenas uma entrada e uma saída; para os casos em que o volume de controle apresenta mais de uma entrada e mais de uma saída, devemos realizar o somatório da carga referente à cada entrada, da mesma forma para as saídas, a mesma coisa ocorreria para os casos nos quais á presente mais de uma máquina no trecho do escoamento. Assim, a equação geral da energia (Equação 5.29) torna-se:

Equação 5.30

$$\sum_e E + H_M = \sum_s E + H_{p_{1,2}}$$

Portanto, para sistemas que apresentam mais de uma entrada e mais de uma saída, além de máquinas em seu trecho, a equação da energia será o somatório das energias na entrada do sistema mais o acréscimo ou decréscimo provenientes da máquina ou máquinas presentes no referido trecho, que será igual ao somatório das energias de saída do trecho mais a perda de energia devido ao atrito (perda de carga).

A fim de entender melhor a Equação 5.30, considere o volume de controle presente na Figura 5.9. Vamos aplicar a Equação 5.30 nesse volume de controle, realizando um balanço de energia deste, pois, de acordo com Livi (2004), a equação da energia fornece um balanço global de energia para o sistema em análise.

Figura 5.9 – Escoamento com várias entradas e saídas

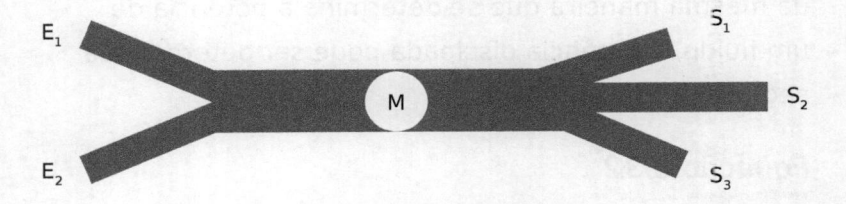

Observe que, no escoamento ilustrado na Figura 5.9, o fluido entra no volume de controle pelas duas entradas e sai pelas três saídas. Além disso, entre as entradas e as saídas existe uma máquina, portanto a equação da energia aplicada a essa situação em específico é o somatório das energias de entrada ($E_1 + E_2$) mais o acréscimo ou decréscimo da energia fornecida ou extraída da máquina, que será igual a soma das energias na saída do volume de controle ($S_1 + S_2 + S_3$) mais as perdas de carga, matematicamente falando:

Equação 5.31

$$E_1 + E_2 + H_M = S_1 + S_2 + S_3 + Hp_{1,2}$$

A partir da Equação 5.31 e segundo o que menciona Brunetti (2008), caso no escoamento do fluido real não exista máquinas no trecho do escoamento a energia sempre decresce no sentido do escoamento, o que é lógico devido às perdas de cargas ao longo do escoamento.

É possível ainda determinar a potência dissipada em função do atrito do fluido. Segundo Brunetti (2008), da mesma maneira que se determina a potência de um fluido, a potência dissipada pode ser determinada segundo a Equação 5.32.

Equação 5.32

$$E_{diss} = \Upsilon Q H_{p_{1,2}}$$

Na Equação 5.32, Υ é o peso específico, Q é a vazão em volume e $Hp_{1,2}$ é a perda de carga do fluido ao longo do escoamento.

Vale destacar que na equação da energia para o fluido real na presença de uma máquina foram desconsiderados o atrito entre o fluido e a superfície na qual o fluido escoa, até então estamos considerando apenas o atrito entre as próprias camadas do fluido.

De acordo com Vilanova (2011), a determinação da potência de uma bomba destinada a elevar água de um reservatório em nível baixo para um outro reservatório é uma aplicação prática da equação da energia.

Perguntas & respostas

Por que a perda de carga é um fator importante a ser analisado no escoamento?

A perda de carga é um parâmetro de extrema importância no balanço de energia, mais a frente iremos estudar detalhadamente esse parâmetro e verificar que a perda de carga relaciona-se com a velocidade, esses dois parâmetros tem uma relação diretamente proporcional, dessa forma, ao aumentar a velocidade, a perda de carga será maior. Dependendo do diâmetro do tubo ou da quantidade de curvas, válvulas etc. que estejam presentes no escoamento, a perda de carga é tão elevada que inviabiliza o escoamento.

A Equação 5.31 é válida para escoamentos com fluidos ideais em regime permanente e incompressíveis, dessa forma, é válida para líquidos e alguns gases nos quais os efeitos da variação da massa específica são desprezíveis – gases com número de Mach < 0,2 se enquadram nessas condições (recorde que estudamos o número de Mach anteriormente quando definimos fluidos compressíveis e incompressíveis).

Além disso, a Equação 5.31 desconsidera as trocas de calor induzidas, considerando apenas as trocas de calor existentes entre o próprio fluido e o meio ambiente devido ao atrito interno e já inseridas na perda de carga total. Para os casos em que o fluido é compressível e que, além disso, ocorre uma troca induzida de calor, não é possível desprezar as trocar térmicas, assim como foi feito ao desenvolver a Equação 5.31.

De acordo com Brunetti (2008), quando o fluido é compressível e as trocas térmicas são consideráveis, elas passam a desempenhar importante papel na análise do escoamento. Além disso, a parcela de perda de carga deve-se também à variação de energia interna do fluido e às trocas térmicas. Nesses casos, na equação da energia, as perdas consideradas são referentes à troca térmica, à variação de energia interna e à perda de carga fica englobada nesses efeitos térmicos. Diante disso, a equação geral da energia para o regime permanente torna-se:

Equação 5.33

$$z_1 + \frac{V_1^2}{2} + h_1 + H_M + q = z_2 + \frac{V_2^2}{2} + h_2$$

Sendo *q* a parcela responsável pelas trocas térmicas e *h* a entalpia, a Equação 5.33 nada mais é do que a primeira lei da termodinâmica para volumes de controle, também conhecido na termodinâmica como *sistemas abertos*.

❓ O que é?

A entalpia é uma função de estado. De acordo com White (2011), entalpia é o sistema (que pode ser aberto ou fechado) e sua vizinhança a uma pressão constante. Em outras palavras, é uma energia armazenada pelo sistema e que pode ser absorvida ou liberada.

A entalpia é igual a energia interna do fluido mais o produto da pressão pelo volume ($h = u + Pv = u + p/\rho$).

📋 *Exercício resolvido*

Uma bomba de potência igual a 7 Kw e que tem um rendimento de 70% bombeia água para à atmosfera com uma velocidade de 10 m/s por um tudo de área igual 15 cm², como ilustrado na figura abaixo. Podemos dizer que a perda de carga e a potência que é dissipada ao logo do escoamento pela tubulação é:

Dados adicionais: Peso específico da água = 10^4 N/m³.

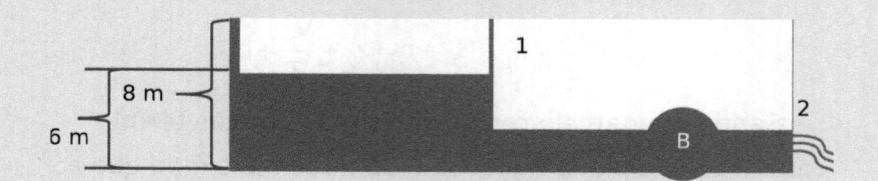

a) 33,67 m e aproximadamente 5 Kw, respectivamente.
b) 33,67 Kw e aproximadamente 5 Kw, respectivamente.
c) 33,67 m e aproximadamente 5 w, respectivamente.
d) 33,67 m e aproximadamente 32,67 m, respectivamente.
e) 336,7 mm e aproximadamente 5 w, respectivamente.

Gabarito: a

Resolução: Nesse exercício, diferente do exercício anterior, á água não é considerada como um fluido ideal, uma vez que se pergunta qual a perda de carga. Considerando que o problema em questão se trata de um escoamento em regime permanente, é possível aplicar a equação da energia na presença de uma máquina para fluido real, para que assim seja possível determinar a perda de carga entre as seções 1 e 2. Assim, utilizamos a seguinte equação:

$$H_1 + H_B = H_2 + Hp_{1,2}$$

Vamos determinar cada termo da equação acima, iniciemos determinando H_1, que é a carga total na seção 1:

$$H_1 = \frac{V_1^2}{2g} + \frac{P_1}{\Upsilon} + z_1$$

A seção 1 é o nível da água do tanque, dessa forma, a velocidade em 1 é zero, uma vez que o escoamento foi considerado em regime permanente. Como a pressão a ser determinada é a pressão efetiva, então P_1 também é zero, uma vez que a seção 1 é o nível do reservatório que já se encontra à pressão atmosférica, o nível do reservatório, segundo a figura que ilustra a situação do problema, é 6 m, assim, H_1 será:

$$H_1 = 0 + 0 + 6\,m = 6\,m$$

Em seguida, vamos determinar a carga total na seção 2, ou seja, H_2, determinado pela seguinte equação:

$$H_2 = \frac{V_2^2}{2g} + \frac{P_2}{\Upsilon} + z_2$$

A seção 2 é justamente a saída da água pela tubulação, ela sai a uma velocidade de 10 m/s. Como a água é lançada na atmosfera na seção 2 e a pressão da equação da energia é a pressão efetiva, na seção 2, é zero, uma vez que já se encontra a pressão atmosférica, assim:

$$H_2 = \frac{10^2}{2(10)} + 0 + 0 = 5\,m$$

Uma vez que o rendimento da bomba é conhecido, assim como o peso específico do fluido e a potência de eixo da bomba, é possível determinar H_B pela equação de rendimento da bomba:

$$\eta_B = \frac{\text{Á}gQH_B}{Pe}$$

Como a variável de interesse é o H_B, vamos isolá-lo na equação anterior:

$$H_B = \frac{\eta_B P_e}{\rho g Q}$$

O rendimento da bomba (η_B) é de 70%, a potência da bomba é de 7 Kw = 7000 W, o produto da massa específica pela aceleração da gravidade é o peso específico do fluido, que é de $10^4 \, N/m^3$. O exercício não fornece a vazão com a qual o fluido joga a água na atmosfera, mas fornece dados a respeito da área da tubulação e da velocidade com a qual a água é bombeada para a atmosfera, sabendo que a vazão é o produto da área pela velocidade, podemos encontrar a vazão em volume. Diante desses dados, é possível determinar H_B.

$$H_B = \frac{\eta_B P_e}{\Upsilon v A}$$

$$H_B = \frac{(0,7)7000}{(10^4)(10)(15 \cdot 10^{-4})} = 32,67 \, m$$

Sabendo H_1, H_2 e H_B, podemos determinar a perda de carga entre as seções 1 e 2. Uma vez que:

$$H_1 + H_B = H_2 + Hp_{1,2}$$

Então:

$$Hp_{1,2} = H_1 + H_B - H_2$$

Substituindo = H_1, H_B e H_2, obtemos $Hp_{1,2}$:

$$Hp_{1,2} = 6 + 32,67 - 5 = 33,67 \, m$$

Assim como estudamos anteriormente, podemos determinar facilmente a potência dissipada em consequência da viscosidade pela seguinte equação:

$$E_{diss} = \Upsilon Q H_{p_{1,2}}$$

Uma vez que a vazão é o produto da velocidade pela área, podemos reescrever a equação anterior como:

$$E_{diss} = \Upsilon v A H_{p_{1,2}}$$

Sendo o peso específico $10^4 N/m^3$, a velocidade 10 m/s, a área $15 cm^2 = 15 \cdot 10^{-4} m^2$ e a perda de carga $H_{p1,2}$ 33,67, a potência dissipada pelo atrito é:

$$E_{diss} = (10^4)(10)(15 \cdot 10^{-4})(33,67) = 5050,5 \text{ w} = 5,05 \text{ kw}$$

Portanto, a potência dissipada devido ao atrito interno do fluido é de aproximadamente 5 Kw.

5.4 Cálculo de perda de carga

Anteriormente, desenvolvemos a equação da energia para determinados escoamentos, e esta, do ponto de vista mecânico (desconsiderando trocas térmicas e variação de entropia), resume-se a:

$$H_1 + H_M = H_2 + H_{p1,2}$$

Na prática, os termos H_1 e H_2 são conhecidos, uma vez que as condições em que o fluido escoa nas seções em análise é sabido. Desse modo, o interesse é descobrir H_m para realizar o dimensionamento da máquina, seja ela uma bomba, seja uma turbina. Assim, resta apena saber o termo $H_{p1,2}$, ou seja, a perda de carga.

Antes de iniciarmos o estudo dos tipos de perda de carga e de como determina-las em tubulações, é necessário entendermos alguns conceitos, como condutos, diâmetro hidráulico, entre outros.

Anteriormente, estudamos que a perda de carga ocorre devido ao atrito interno do fluido. No entanto, existem também perdas ocasionadas pela seção de escoamento de fluidos: se escoa em uma superfície livre, em um tubo, se a tubulação apresenta rugosidade, se há acessórios e etc.

> O escoamento de líquido ou gás através de tubos ou dutos normalmente é usado em aplicações de aquecimento e nas redes de distribuição de fluidos. O fluido de tais aplicações em geral é forçado por um ventilador ou uma bomba a escoar através de uma seção de escoamento. Prestamos atenção particular ao atrito, que está diretamente relacionado à queda de pressão e à perda de carga durante o escoamento através de tubos dutos. Em seguida, a queda de pressão é usada para determinar o requisito de potência de bombeamento. Um sistema típico de tubulação envolve tubos de diâmetros diferentes concentrados entre si por diversos acessórios ou cotovelos para transportar o fluido, válvulas para controlar a vazão e bombas para pressurizar o fluido. (Çencel; Cimbala, 2012, p. 280)

Diante disso, devemos considerar, além das perdas por atrito, o local que o fluido escoa. Os fluidos podem escoar através de condutos, que, de acordo com Brunetti (2008), são qualquer estrutura sólida destinada ao transporte de fluidos, que podem ser tubos ou dutos (Figura 5.10).

Figura 5.10 – Condutos

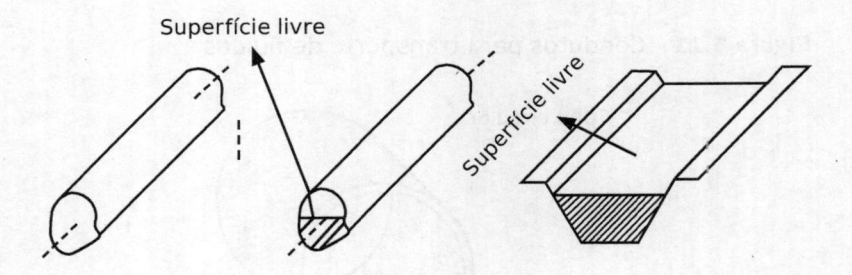

Fonte: Brunetti, 2008, p. 164.

Dependendo da forma como o fluido escoa, podemos classifica-los em forçado ou livre. Um conduto é forçado quando o fluido que escoa o preenche totalmente, mas quando o fluido que escoa não apresenta nenhuma superfície livre, o conduto é livre (Brunetti, 2008).

De forma geral, os condutos, que servem para transporte dos fluidos, são chamados de *tubos* quando têm formato circular e de *dutos* ou *condutos* quando apresentam geometria quadrada ou retangular, entretanto, esse termos são, muitas vezes, considerados similares.

Perceba que, na prática, o transporte da maioria dos fluidos é realizado em tubos circulares. De acordo com Çengel e Cimbala (2012), isso se deve ao fato de que tais condutos suportam grades diferenças de pressão entre o interior e o exterior e não sofrem distorções significativas, já os dutos são mais utilizados em sistemas de aquecimento e refrigeração de prédios, uma vez que tais sistemas apresentam baixa diferença de pressão.

Figura 5.11 – Condutos para transporte de fluidos

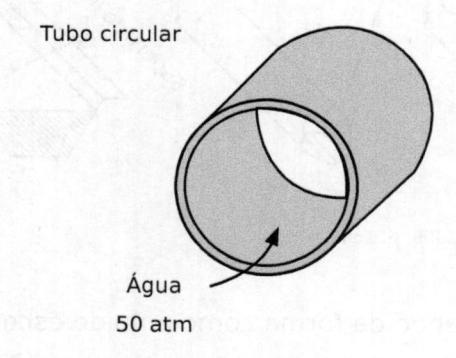

Tubo circular

Água
50 atm

Duto retangular

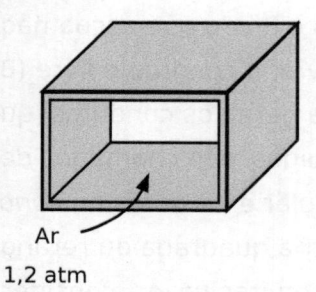

Ar
1,2 atm

Fonte: Çengel; Cimbala, 2012, p. 278.

Quando temos uma tubulação circular, tanto o diâmetro quanto o raio são definidos, mas, como vimos, existem tubulações com seção transversal retangular, sendo o raio hidráulico distinto do circular.

Brunetti (2008) define *raio hidráulico* como a razão entre a área e o perímetro molhado. O diâmetro hidráulico é como se convertêssemos o perímetro quadrado ou retangular do conduto em um diâmetro circular, considerando a área de contato do fluido. Matematicamente, podemos dizer que o diâmetro hidráulico é:

Equação 5.34

$$R_H = \frac{A}{\sigma}$$

Na Equação 5.34, a área é a área transversal do escoamento, e σ, o perímetro molhado, que é a área do conduto que, de fato, entra em contato com o conduto.

O diâmetro hidráulico é, por definição, quatro vezes o raio hidráulico, ou seja:

Equação 5.35

$$D_H = 4R_H$$

Note que a definição de raio e diâmetro hidráulico não se relaciona com as de diâmetro de uma circunferência, e sim com a área do conduto e se ele é forçado ou não, uma vez que a área do perímetro molhado leva isso em consideração.

Na Tabela 5.1, podemos observar alguns exemplos de diâmetro e raio hidráulico.

Tabela 5.1 – Exemplos de raio e diâmetro hidráulico

Geometria	A	σ	RH	DH
(círculo, D)	$\dfrac{\pi D^2}{4}$	πD	$\dfrac{D}{4}$	D
(quadrado, a)	a^2	$4a$	$\dfrac{a}{4}$	a
(retângulo, a × b)	ab	$2(a+b)$	$\dfrac{ab}{2(a+b)}$	$\dfrac{2ab}{(a+b)}$
(canal aberto, a)	ab	$2a + b$	$\dfrac{ab}{2a+b}$	$\dfrac{4ab}{2a+b}$
(triângulo equilátero, a)	$\dfrac{a^2\sqrt{3}}{4}$	$3a$	$\dfrac{a\sqrt{3}}{12}$	$\dfrac{a\sqrt{3}}{3}$

Fonte: Elaborado com base em Brunetti, 2008.

Assim como podemos observar na Figura 5.12, quando temos um tubo de seção circular, o diâmetro hidráulico é igual ao diâmetro da tubulação. Vale destacar que o diâmetro hidráulico surgiu para possibilitar o cálculo dos efeitos em tubulações que não são circulares.

Até então, analisamos escoamentos em superfícies lisas, ou seja, desconsideramos qualquer tipo de rugosidade presente nas superfícies, mas os condutos não são totalmente lisos, eles apresentam asperezas que ocasionam um acréscimo à perda de carga do fluido ao longo do escoamento.

Livi (2004) define a rugosidade (e) como a altura média das saliências que o conduto apresenta em seu interior. A rugosidade nada mais é do que as asperezas presentes na tubulação, que são saliências presentes nas superfícies. Além da rugosidade, existe a rugosidade relativa, que é a razão entre a rugosidade e o diâmetro do conduto.

Figura 5.12 – Tubulação com rugosidade

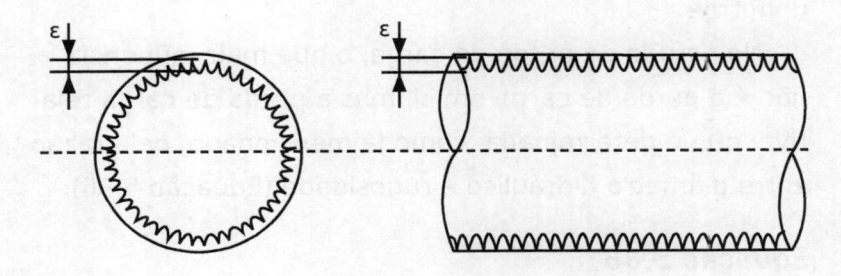

Fonte: Brunetti, 2008, p. 168.

De acordo com White (2011), o primeiro a estabelecer os efeitos da rugosidade no atrito foi Henry Darcy ao realizar experimentos de escoamentos em tubos. Esse parâmetro é de extrema importância na análise de escoamentos turbulentos em tubos, mas não no escoamento laminar.

Para relacionarmos a rugosidade com a perda de carga, imagine um escoamento em uma tubulação de concreto e uma de alumínio, o alumínio é muito mais liso em relação ao concreto, não apresentando tanta aspereza e minimizando os empecilhos ao longo do escoamento em seu interior.

Vale ressaltar que, diferentemente do observado na Figura 5.12, a rugosidade não é uniforme, até porque os tubos utilizados na prática diferem dos utilizados nos experimentos, que utilizam rugosidade artificial. Na Tabela 5.1, pudemos observar alguns valores de rugosidade para a maioria dos tubos comerciais, mas vale destacar que tais valores são para tubos novos. Para nossos estudos, por hora, consideraremos a rugosidade uniforme.

No estudo de perda de carga, o que mais influencia não é a perda de carga em sí, mas a perda de carga relativa, que é determinada, como já mencionado, pela razão entre diâmetro hidráulico e rugosidade (Equação 5.36).

Equação 5.36

$$Rugosidade\_relativa = \frac{D_H}{e}$$

É fácil perceber a dependência da perda de carga mais forte com a rugosidade relativa do que com a rugosidade em sí: imagine-se trabalhando com dois tubos de mesmo material, mas um deles apresenta uma polegada (25,4 mm) e o outro, 1 metro de diâmetro, a rugosidade é a mesma, uma vez que é o mesmo material, mas ela não influencia da mesma forma na perda de carga em ambos os tubos, motivo pelo qual utilizamos a rugosidade relativa.

Entretanto, segundo Çengel e Cimbala (2012), a forma funcional dessa relação não pode ser determinada teoricamente, apenas por meio de experimento com superfícies enrugadas de forma artificial.

Assim como já mencionado, existe mais de um tipo de perda de carga associado ao escoamento de um fluido. Podemos classificar essas perdas em função do comportamento, a saber:

- Perda de carga distribuída (h_f) – ao longo do conduto em análise.
- Perda de carga localizada (h_s) – pontuais no conduto.

5.5 Classificação de perda de carga

As perdas de carga distribuída, assim como o nome sugere, são distribuídas e determinadas ao longo do escoamento.

Esse tipo de perda é característico de tubulações retas e longas e consequência do próprio atrito das partículas do fluido, além disso, as perdas distribuídas só são significantes quando o conduto é relativamente longo, uma vez que o atrito ocorre de forma distribuída ao longo do conduto (Brunetti, 2008).

As perdas de carga localizadas, que são também chamadas de *perdas singulares*, acontecem em localidades da tubulação onde ocorre perturbações bruscas no escoamento do fluido.

> O fluido de um sistema de tubulação típico passa através de diversas conexões, válvulas, curvas, cotovelos, [...] entradas, saídas, extensões e reduções, além dos tubos. Essas componentes interrompem o escoamento suave do fluido e causam perdas adicionais devido à separação do escoamento e à mistura que eles induzem. Em um sistema típico com tubos longos, essas perdas são menores se comparadas à perda total de carga dos tubos (as grandes perdas) e são chamadas de perdas menores. Embora em geral isso seja verdadeiro, em alguns casos as perdas menores podem ser maiores do que as grandes perdas. Esse é o caso, por exemplo, dos sistemas com várias curvas e válvulas em uma distância curta. A perda de carga introduzida por uma válvula completamente aberta, por exemplo, pode ser desprezível. Mas uma válvula parcialmente fechada pode causar a maior perda de carga do sistema, como deixa claro a queda da vazão. O escoamento através de válvulas e conexões é muito complexo, e uma análise teórica em geral não é plausível. Assim, as perdas

menores são determinadas experimentalmente, em geral pelos fabricantes dos componentes. (Çencel; Cimbala, 2012, p. 301)

As perdas de carga distribuídas são perdas que tem maior carga e estão relacionadas à perda por atrito que ocorre ao longo de todo o escoamento, diferente das perdas de carga localizadas, pois, estas ocorrem em determinado trecho da tubulação, devido a mudanças bruscas nessas localidades. A perda de carga total do fluido é a soma das perdas menores e maiores, ou seja, a soma das perdas localizadas e distribuídas.

Para um entendimento mais claro a respeito dos tipos de perda de carga, considere o exemplo de Brunetti (2008), presente na Figura 5.13.

Figura 5.13 – Instalação com perda de carga

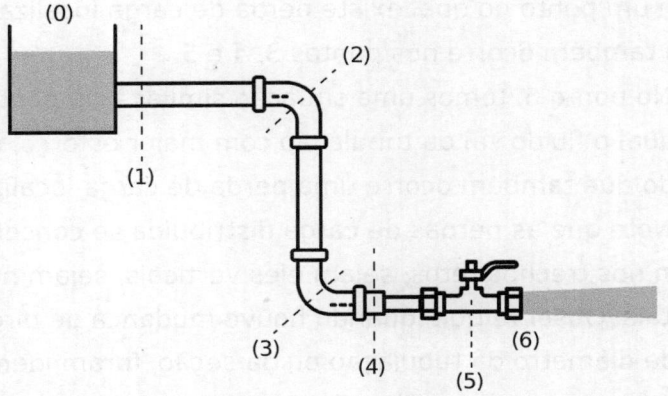

Fonte: Brunetti, 2008, p. 168.

Nessa instalação, temos os dois tipos de perda de carga. Os pontos 0, 1, 2, 3, 4, 5 e 6 marcam as seções dos trechos do escoamento.

A perda de carga que ocorre entre os pontos 0 e 6 é a perda de carga distribuída, ao longo de todo o escoamento, em que o fluido sai e chega até seu ponto final, note que de 1 a 2, de 2 a 3, de 3 a 4 e de 5 a 6 temos trechos de seção reta relativamente longos.

Vamos analisar todo o trajeto e pontuar em quais locais existe perda de carga localizada. O ponto 1 é uma entrada, na qual há um estreitamento brusco. Com isso, há uma perda de carga localizada, existente na entrada de qualquer tubulação.

No ponto 2, há uma curva, que modifica a direção do escoamento. Sempre que existe uma mudança no sentido do escoamento o fluido exerce uma força sobre a tubulação, e vice-versa. Dessa forma, o ponto 2 é também um ponto no qual existe perda de carga localizada. Isso também ocorre nos pontos 3, 4 e 5.

No ponto 6, temos uma situação similar à do ponto 1, na qual o fluido sai da tubulação com maior esforço, de modo que também ocorre uma perda de carga localizada.

Note que as perdas de carga distribuída se concentram nos trechos retos, sejam eles verticais, sejam horizontais. Observe que, quando houve mudança de direção ou de diâmetro da tubulação ou da seção, foram identificadas perdas de carga localizadas.

Assim, a perda de carga total é o somatório de todas as perdas de carga distribuídas nas seções 1-2, 2-3, 3-4 e

5-6 mais o total de todas perdas de cargas localizadas nos pontos 1, 2, 3, 4, 5 e 6. Isso ocorre em qualquer sistema, de modo que a perda de carga total é sempre:

$$H_{total} = hf + h_s$$

Exercício resolvido

Um engenheiro dimensiona uma tubulação para transporte de determinado fluido. A tubulação dimensionada apresenta duas válvulas (pontos 2 e 3) e um cotovelo (ponto 4). Para dimensionar corretamente a tubulação, o engenheiro necessita saber as perdas de energia do fluido. Ao analisar a tubulação, quais foram suas observações?

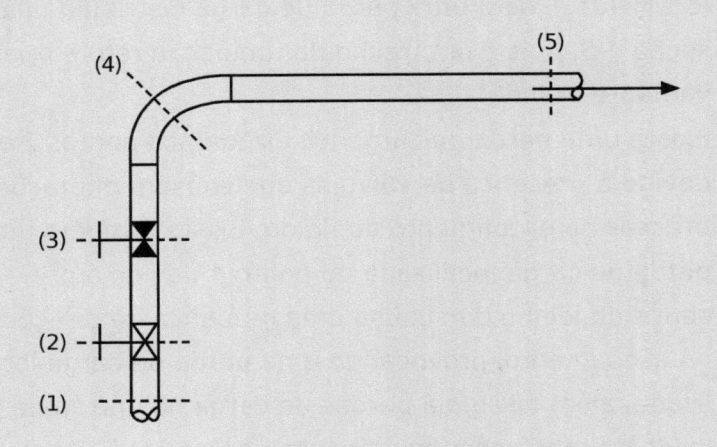

Fonte: Brunetti, 2008, p. 186.

a) Existe uma perda de carga localizada nos pontos 2 e 3 devido à presença de válvulas que causam alterações bruscas no escoamento do fluido. Existe também uma perda de carga localizada no ponto 4 devido à redução do diâmetro da tubulação, provocando uma perda de carga localizada, além disso, há perdas de carga na entrada e na saída da tubulação, ou seja, nos pontos 1 e 5. Existe uma perda de carga distribuída na seção 4-5, pois é um trecho da tubulação reto e relativamente grande.

b) Existe uma perda de carga localizada nos pontos 2 e 3 devido à presença de válvulas que causam alterações bruscas no escoamento do fluido. Existe também uma perda de carga localizada no ponto 4 devido à presença do joelho, que causa uma mudança de direção no escoamento, provocando uma perda de carga localizada. Existe uma perda de carga distribuída na seção 4-5, pois é um trecho da tubulação reto e relativamente grande.

c) Existe uma perda de carga localizada nos pontos 2 e 3 devido à presença de válvulas que causam alterações bruscas no escoamento do fluido. Existe também uma perda de carga localizada no ponto 4 devido à presença do joelho que causa uma mudança de direção no escoamento, provocando uma perda de carga localizada, além disso, há perdas de carga na entrada e na saída da tubulação, ou seja, nos pontos 1 e 5. Existe uma perda de carga distribuída na seção 4-5, pois é um trecho da tubulação reto e relativamente grande.

d) Existe uma perda de carga localizada apenas nos pontos 2 e 3 devido à presença de válvulas que causam alterações bruscas no escoamento do fluido e na entrada e na saída da tubulação, ou seja, nos pontos 1 e 5. Existe uma perda de carga distribuída na seção 4-5, pois é um trecho da tubulação reto e relativamente grande.

e) Existe uma perda de carga distribuída nos pontos 2 e 3 devido à presença de válvulas que causam alterações bruscas no escoamento do fluido. Existe também uma perda de carga distribuída no ponto 4 devido à presença do joelho que causa uma mudança de direção no escoamento, provocando uma perda de carga localizada, além disso, há perdas de carga na entrada e na saída da tubulação, ou seja, nos pontos 1 e 5. Existe uma perda de carga localizada na seção 4-5, pois é um trecho da tubulação reto e relativamente grande.

Gabarito: c

Resolução: Vamos analisar a tubulação e as perdas de cargas presentes nela. Iniciemos analisando as perdas de carga distribuídas decorrentes do atrito interno do próprio fluido e que ocorrem no decorrer do escoamento em suas seções retas.

Note que, em toda a tubulação, existe apenas um trecho reto, a seção 4-5. Nessa seção, a perda de carga é classificada como perda de carga distribuída.

Vamos, agora, analisar as perdas de carga localizadas no referido escoamento, as perdas de carga localizadas são decorrentes de alterações bruscas sofridas pelo fluido ao longo do escoamento, normalmente, nos locais da tubulação que apresentam acessórios hidráulicos ou que ocorre redução no diâmetro da tubulação.

Nos pontos 2 e 3 da tubulação em questão, existem válvulas que acarretam perda de carga quando o fluido escoa por ocasionarem alterações bruscas na vazão dele. Além disso, perdas de carga são ocasionadas nas entradas e nas saídas das tubulações, ou seja, nos pontos 1 e 5. Nos pontos em que ocorre alteração na direção do fluido, também existe perda de carga localizada, ou seja, no ponto 4, no qual existe um joelho que acarreta mudança de direção do escoamento.

Equação da quantidade de movimento, análise dimensional e cálculo de perda de carga

6

Conteúdos do capítulo:

- Equação da quantidade de movimento.
- Análise dimensional.
- Teorema dos π's.
- Cálculo de perda de carga localizada e distribuída.

Após o estudo deste capítulo, você será capaz de:

1. aplicar a equação da quantidade de movimento no escoamento de fluidos;
2. compreender o que é uma análise dimensional;
3. aplicar o teorema dos π's para encontrar expressões de análise de fenômenos;
4. resolver problemas envolvendo perda de carga distribuída e localizada, bem como cálculos que as envolvem.

Nos capítulos anteriores, estudamos as duas principais equações que regem o comportamento e a análise dos fluidos: a equação do balanço de massa e a equação da energia. Neste capítulo, conferiremos o balanço da quantidade de movimento.

A quantidade de movimento de um corpo é o produto de sua massa por sua velocidade, de maneira informal, é a capacidade de um corpo ou um fluido "causar estrago". O balanço de quantidade de movimento nada mais é do que a primeira lei de Newton aplicada à mecânica dos fluidos, conforme veremos no decorrer deste capítulo.

Além da equação da quantidade de movimento, abordaremos a análise dimensional, muito importante na previsão do comportamento de modelos reais mediante protótipos e na determinação de equações que permitam o estudo de um fenômeno que envolve várias variáveis, como é o caso do cálculo da perda de carga, do qual também trataremos neste capítulo – veremos como, com base na análise dimensional, podemos determinar uma expressão para perda de carga tanto distribuída quanto localizada.

6.1 Equação da quantidade de movimento

Como já mencionamos, a mecânica dos fluidos estuda os fluidos, seus movimentos, suas leis e seu comportamento em repouso.

A quantidade de movimento também se relaciona ao escoamento dos fluidos, uma vez que, em algumas situações, precisamos determinar as forças atuantes em estruturas sólidas, em movimento ou até mesmo fixas, em razão do fluido que se move em contato com elas. A equação da quantidade de movimento, assim, é o que permite determinar tais forças e analisá-las (Brunetti, 2008).

A equação da quantidade de movimento trata-se da segunda lei de Newton adaptada (Equação 6.1).

Equação 6.1

$$\vec{F} = m\vec{a}$$

A Equação 6.1 traduz que a força é igual a massa vezes a aceleração. Note que as grandezas força e aceleração são vetoriais.

? O que é?

Grandezas vetoriais são aquelas que necessitam de mais informações além de sua quantidade escalar para serem definidas, como é o caso de direção e sentido. De acordo com Halliday, Resnick e Walker (2008), essas grandezas têm módulo e orientação, sendo representadas por vetores.

Analisando a Equação 6.1, observamos que, de acordo com a segunda lei de Newton, a força é diretamente proporcional à aceleração, e vice-versa, ou seja, uma aceleração está relacionada a uma força, e assim ambas estão na mesma direção e no mesmo sentido.

$$\vec{F} \to \vec{a}$$
$$\vec{a} \to \vec{F}$$

Desse modo, podemos dizer que toda vez que uma força é aplicada em determinado corpo ou fluido gera-se uma aceleração. Como a aceleração é uma grandeza vetorial, é a propriedade que vai alterar a velocidade do corpo ou do fluido.

Uma vez que a aceleração é a taxa de variação da velocidade com o tempo, sempre que ocorre uma mudança de velocidade existe uma aceleração associada. Vale salientar que a velocidade é uma grandeza vetorial, por isso tem módulo, direção e sentido; se módulo e/ou direção forem alterados, a velocidade também o será e, consequentemente, existirá uma aceleração.

Equação 6.2

$$\vec{a} = \frac{dv}{dt}$$

Além da segunda lei de Newton, que relaciona força com aceleração, vamos relembrar da terceira lei de Newton, a qual enuncia que, para cada ação, existe uma reação. Considerando o exposto, concluímos que, se uma força é aplicada por uma superfície em um fluido, este aplica a mesma força, de módulo igual e sentido oposto à força aplicada na superfície.

Nesse contexto, podemos escrever a segunda lei de Newton adaptada ao estudo da mecânica dos fluidos, ou seja, a equação da quantidade de movimento. Sabendo que força é igual a massa vezes a aceleração e que a aceleração é a taxa de variação da velocidade com o tempo, obtemos a equação a seguir.

Equação 6.3

$$\vec{F} = m\frac{d\vec{v}}{dt}$$

Por definição, em um sistema ou em um volume de controle em regime permanente, a massa é constante e escalar, então podemos introduzi-la dentro da derivada sem alterá-la do ponto de vista matemático.

Equação 6.4

$$\vec{F} = \frac{dm\vec{v}}{dt}$$

Por definição, o produto da massa de um corpo ou de um fluido pela velocidade desse corpo/fluido ($m\vec{v}$) é a quantidade de movimento do dele, de modo que a força é decorrente da variação da quantidade de movimento.

A quantidade de movimento é a propriedade que traduz qual corpo tem maior velocidade ou condição de causar mais impacto.

Exemplificando

Imagine que um carro de pequeno porte está a uma velocidade de 10 km/h e colide com uma parede. Agora imagine um caminhão também a 10 km/h colidindo com a mesma parede. Pensando nos danos, a colisão do caminhão prejudica mais a parede do que a colisão do carro, visto que o caminhão apresenta maior quantidade de movimento porque tem maior quantidade de massa e, consequentemente, maior inércia e maior quantidade de energia.

Pense agora que o carro colida na parede a 100 km/h, o dano será maior em relação a sua colisão à 10 km/h, uma vez que com velocidade maior a quantidade de movimento também aumenta. Logo, depreendemos que a quantidade de movimento depende da massa e da velocidade.

Pensando em toda essa análise de força e quantidade de movimento aplicada ao escoamento de um fluido, podemos dizer que a força resultante que age no escoamento ocorre em função da variação da quantidade de movimento do sistema ou do volume de controle com o tempo.

Inicialmente, definiremos a equação da quantidade de movimento para um tubo de corrente, como ilustrado na Figura 6.1, e para um escoamento através desse tubo em regime permanente.

Observe que no tubo de corrente temos uma entrada, sinalizada pelo número 1, na qual há uma área A_1 e a saída do tubo de corrente, seção 2, de área A_2, a qual é diferente da área 1. Se traçarmos uma perpendicular à superfície de entrada, teremos uma linha formando um ângulo (θ_1) com a horizontal, se o mesmo for feito para a região de saída, teremos também uma linha formando um ângulo (θ_2) com a horizontal.

Após determinado tempo (dt), uma quantidade de massa que se encontrava fora (dm_1) do tubo entra dentro dele com uma velocidade (v_1) que tem a mesma direção da linha perpendicular à superfície de entrada.

Figura 6.1 – Tubo de corrente

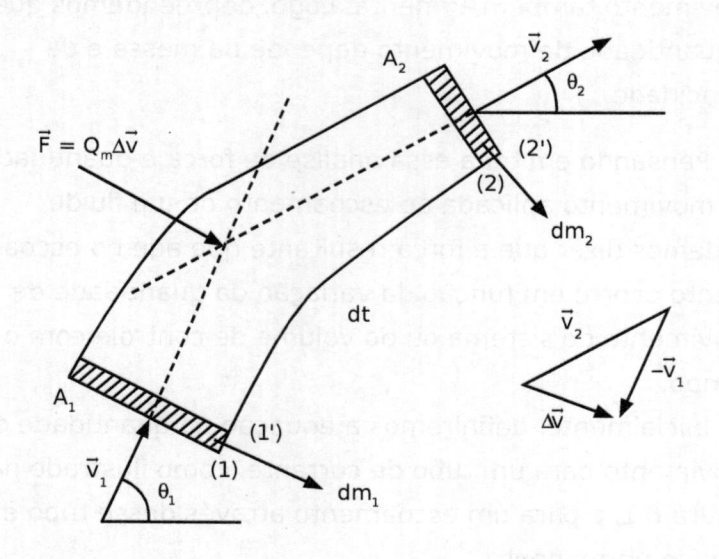

Fonte: Brunetti, 2008, p. 122.

Dessa forma, a quantidade de movimento do volume de controle aumenta devido ao acréscimo da massa dm_1 que entra. Ao mesmo tempo, na seção 2, há certa quantidade de massa dm_2 saindo do sistema a uma velocidade v_2 com a mesma direção da linha inclinada perpendicular à saída (seção 2) – nesse caso, o volume de controle diminui a quantidade de movimento; logo, a massa que entra na seção 1 aumenta a quantidade de movimento do volume de controle e, na saída, essa quantidade de movimento diminui, uma vez que a massa sai do tubo de corrente.

Vale salientar que a direção da força F é a mesma da variação da velocidade Δv ($\vec{v}_2 - \vec{v}_1$), como podemos visualizar na Figura 6.1. Essa figura apresenta a soma dos vetores $\vec{v}_2 + (-\vec{v}_1)$ e o vetor resultante Δv, que tem a mesma direção de F.

Sendo a força igual a variação da quantidade de movimento, temos, então:

Equação 6.5

$$\vec{F} = \frac{dm_2 \vec{v}_2}{dt} - \frac{dm_1 \vec{v}_1}{dt}$$

Anteriormente, vimos que a vazão em massa é igual a variação de massa em função do tempo, ou seja:

Equação 6.6

$$\dot{m} = \frac{dm}{dt}$$

Então:

Equação 6.7

$$\vec{F} = \dot{m}_2 \vec{v}_2 - \dot{m}_1 \vec{v}_1$$

Como o regime é permanente, a massa que entra é igual a massa que sai, portanto:

Equação 6.8

$$\dot{m}_1 = \dot{m}_2 = \dot{m}$$

Então:

Equação 6.9

$$\vec{F} = \dot{m}(\vec{v}_2 - \vec{v}_1) = \dot{m}\Delta\vec{v}$$

Essa equação permite determinarmos a força resultante que atua no fluido entre as seções 1 e 2. Observe que ela está diretamente ligada à variação de velocidade. Como explica Francisco (2018, p. 11),

> A determinação das forças trocadas entre o fluido e a superfície da estrutura sólida em contato com o escoamento depende do conhecimento do movimento do fluido; mais especificamente, da variação espacial da velocidade de escoamento. Em outros termos, a taxa na qual varia a quantidade de movimento do fluido depende do gradiente de velocidade no escoamento.

Todavia, o maior interesse não é na força que atua sobre o fluido, mas na força que o fluido exerce sobre a superfície, motivo pelo qual vamos desenvolver uma equação que permita determiná-la. Assim, vamos considerar o mesmo tubo de corrente da Figura 6.1 e analisar as forças que compõem a força resultante: forças de pressão, forças tangenciais e força peso (gravidade), conforme podemos observar na Figura 6.2.

Figura 6.2 – Forças componentes da força resultante no tubo de corrente

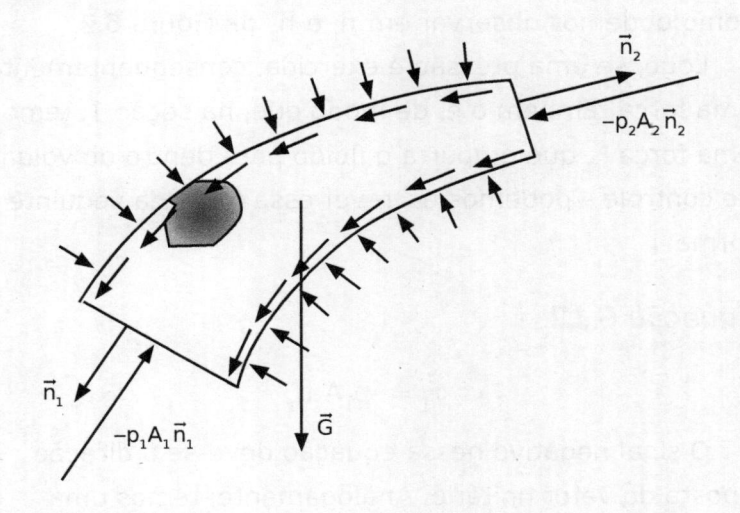

Fonte: Brunetti, 2008, p. 123.

As forças de pressão atuante antes da seção 1 empurram o fluido para dentro do tubo de corrente; já na seção 2, a pressão que atua a jusante, ou seja, após a seção 2, é contrária ao escoamento do fluido. Lembrando que:

Equação 6.10

$$P = \frac{F}{A}$$

Equação 6.11

$$F = PA$$

Vale destacar que estamos trabalhando com grandezas vetoriais, então, determinaremos um vetor unitário ($\vec{n}$), que indica a direção do vetor que se está analisando – por conversão, esse vetor unitário tem sentido para fora, como podemos observar em $\vec{n}_1$ e $\vec{n}_2$ da Figura 6.2.

Logo, se uma pressão é exercida, consequentemente uma força também o é, de modo que, na seção 1, temos uma força F_1 que empurra o fluido para dentro do volume de controle – podemos escrever essa força da seguinte forma:

Equação 6.12

$$\vec{F}_1 = -p_1 A_1 \vec{n}_1$$

O sinal negativo nessa equação deve-se à direção oposta do vetor unitário. Analogamente, temos uma força associada à pressão exercida à jusante da seção 2 que também podemos escrever em termos de pressão e área:

Equação 6.13

$$\vec{F}_2 = -p_2 A_2 \vec{n}_2$$

Retornando à análise do volume de controle presente na Figura 6.2 e das forças atuantes nele, temos, como já mencionado, a pressão e a tensão de cisalhamento – forças atuantes nas laterais do tubo de corrente – e os valores dessas forças mudam ponto a ponto no escoamento. Podemos obter a resultante das pressões na lateral adotando também um vetor unitário $\vec{n}_{lat}$. Essa pressão agindo em uma área infinitesimal (dA) gera uma força infinitesimal, que é:

Equação 6.14

$$d\vec{F}_2' = -p la_t \vec{n}_{lat} dAl_{at} + \vec{\tau} dA_{lat}$$

Portanto, a força resultante é a soma da pressão lateral, cujo sinal negativo já foi explicado anteriormente, vezes o vetor unitário lateral vezes a área lateral mais a tensão de cisalhamento vezes a área lateral. Recorde da matemática que, quando se trabalha com áreas infinitesimais, é em apenas um ponto do trecho da tubulação. Desse modo, a Equação 6.14 refere-se a uma pequena área do tubo de corrente e, ao a integrarmos, obtemos a força resultante ao longo de todo o tubo de corrente (Equação 6.15).

Equação 6.15

$$\vec{F}_s' = \int -p la_t \vec{n}_{lat} dAl_{at} + \int \vec{\tau} dA_{lat}$$

As várias forças laterais atuantes discutidas e ilustradas na figura podem ser resumidas em uma força resultante, como ilustrado na Figura 6.3.

Figura 6.3 – Forças atuantes no tubo de corrente

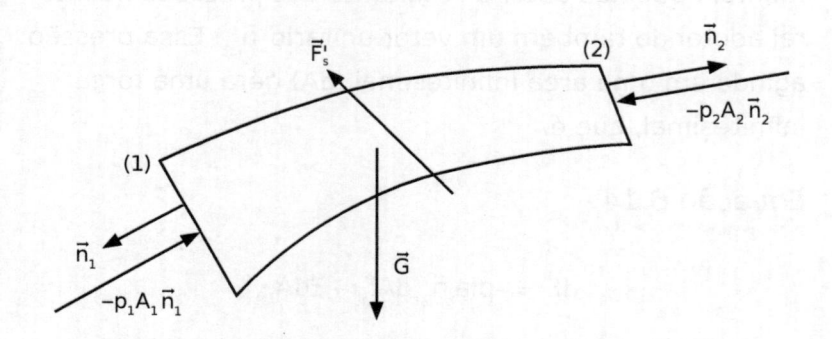

Fonte: Brunetti, 2008, p. 123.

Observe que temos agora quatro forças atuantes:
(1) a força de entrada e (2) a de saída do fluido no tubo de corrente, (3) uma força resultante correspondente a todas as forças laterais (de pressão e cisalhamento) e (4) a força peso ocasionada pela gravidade.

Sabemos que a força resultante de qualquer sistema ou volume de controle corresponde ao somatório de todas as forças atuantes no sistema ou no volume de controle. Dessa força, a força resultante será a soma das quatro forças atuantes no volume de controle, matematicamente falando:

Equação 6.16

$$\vec{F}_{res} = \vec{F}_s' + \left(-p_1 A_1 \vec{n}_1\right) + \left(-p_2 A_2 \vec{n}_2\right) + \vec{G}$$

Essa equação traduz que a força resultante atuante no fluido é a soma da força atuante na superfície mais a força na entrada do tubo de corrente mais a força de saída do tubo de corrente mais a força peso.

Da Equação 6.9 sabemos que a força resultante é igual a vazão em massa vezes a variação da velocidade, então podemos reescrever a Equação 6.16 da seguinte forma:

Equação 6.17

$$\dot{m}\left(\vec{v}_2 - \vec{v}_1\right) = \vec{F}_s' + \left(-p_1 A_1 \vec{n}_1\right) + \left(-p_2 A_2 \vec{n}_2\right) + \vec{G}$$

A força de interesse nos problemas de mecânica dos fluidos é a força em contato com a superfície, logo, vamos isolá-la na Equação 6.17.

Equação 6.18

$$\dot{m}\left(\vec{v}_2 - \vec{v}_1\right) + p_1 A_1 \vec{n}_1 + p_2 A_2 \vec{n}_2 - \vec{G} = \vec{F}_s'$$

Essa equação possibilita determinar a força que a superfície exerce no fluido, mas o que interessa em qualquer problema envolvendo fluidos em contato com superfícies sólidas é a força que o fluido exerce sobre essa superfície. De acordo com Brunetti (2008), a equação da quantidade de movimente é justamente a que permite determinar a força do fluido sobre uma superfície. Sabendo da lei da ação e reação, se a força age no fluido, o fluido exerce a mesma força em sentido oposto, portanto:

Equação 6.19

$$-\vec{F}_s' = \vec{F}_s$$

Dessa forma, a equação da quantidade de movimento, que permite determinar a força que um fluido aplica em certa superfície, é:

Equação 6.20

$$\vec{F}_s = -\left[\dot{m}\left(\vec{v}_2 - \vec{v}_1\right) + p_1 A_1 \vec{n}_1 + p_2 A_2 \vec{n}_2\right] + \vec{G}$$

Em muitos problemas envolvendo fluidos, a resolução pode ser árdua em decorrência da quantidade de variáveis envolvidas, que influenciam na solução matemática, deixando-a bastante complexa.

Nessas situações, é mais fácil, em vez de realizar a análise, utilizar experimentos, por meio dos quais podemos equacionar e, consequente, resolver esses fenômenos, o que é conhecido como *análise dimensional*.

6.2 Análise dimensional e semelhança

Em uma análise dimensional por experimento, podemos utilizar uma teoria matemática que permita tornar o resultado do experimento útil, de maneira que seja possível aplicar essa teoria em diversos problemas similares.

> Muitos problemas práticos de escoamento de fluidos são muito complexos, tanto geométrica quanto fisicamente, para serem resolvidos de maneira analítica. Eles devem ser testados por experimentos ou aproximados pela dinâmica dos fluidos computacional (CFD). Esses resultados são tipicamente apresentados como dados experimentais ou numéricos e curvas ajustadas. Eles têm uma generalidade muito maior se forem expressos em forma compacta. Esse é o objetivo da análise dimensional. A técnica é um pilar importante da mecânica dos fluidos e também amplamente utilizada em todos os campos da engenharia e das ciências físicas, biológicas, médicas e sociais. (White, 2011, p. 293, tradução nossa)

Brunetti (2008) define a análise dimensional como a teoria matemática que, quando aplicada à mecânica dos fluidos, possibilita melhor aproveitamento dos resultados obtidos experimentalmente, racionalização da pesquisa e otimização de tempo e custo. Essa técnica possibilita a simplificação de problemas analiticamente sem solução.

White (2011) resume o que é uma análise dimensional ao afirmar que ela é basicamente uma técnica que permite a redução do número e da complexidade das variáveis experimentais envolvidas e que afetam determinado parâmetro ou fenômeno, ou seja, podemos dizer que a análise dimensional é uma técnica de compactação.

Como já mencionado, a análise dimensional permite a racionalização da pesquisa, ou seja, por meio dela, ao analisar determinado fenômeno, é possível equacionar esse fenômeno mediante números denominados *adimensionais*. Esses números nos fornecem ainda parâmetros para as análises, tais parâmetros permitem prever o comportamento de um equipamento em tamanho real, por exemplo.

> Quase sempre a experimentação é o único método para obter informações confiáveis. Na maioria das experiências, para economizar tempo e dinheiro, são executados testes em um modelo em escala geométrica, em vez de um protótipo em escala natural. Em tais casos, é preciso tomar cuidado para mudar adequadamente a escala dos resultados. Embora seja tipicamente ensinada na mecânica dos fluidos, a análise dimensional é útil para todas as disciplinas, particularmente quando é preciso projetar e realizar experiências. (Çengel; Cimbala, 2012 p. 238)

Uma das principais consequências da análise dimensional é a teoria da semelhança, que permite a resolução de problemas por meio da comparação de um fenômeno utilizando modelos dele.

De acordo com Çengel e Cimbala (2012), as principais finalidades da análise dimensional são: produção de parâmetros adimensionais que auxiliem em projetos experimentais e em seus resultados; obtenção das leis de escala para um bom desempenho no protótipo a fim de que se consiga prever o desempenho do modelo e as tendencias da relação entre os parâmetros.

Quando estudamos um fenômeno físico, sua análise depende da construção de funções que interliguem grandezas como tempo, velocidade, viscosidade etc. (Brunetti, 2008). Essas grandezas não são independentes, uma vez que estão diretamente ligadas a funções que as relacionam, por exemplo, a gravidade ou a força peso tem uma relação direta com a massa e a aceleração.

6.3 Grandezas

Na mecânica dos fluidos, existem grandezas às quais todas as outras se relacionam, essas grandezas são denominadas *grandezas fundamentais*.

> Existem tantas grandezas físicas que não é fácil organizá-las, felizmente, elas são todas independentes: assim, por exemplo, a velocidade é a razão entras as grandezas comprimento e tempo. Assim, o que fazemos

é escolher, através de um acordo internacional, um pequeno número de grandezas físicas como comprimento e tempo, e atribuir padrões apenas a elas. Em seguida, definimos as demais grandezas físicas em termos dessas grandezas fundamentais e de seus padrões (conhecidos como padrões fundamentais). A velocidade, por exemplo, é definida em termos das grandezas fundamentais comprimento e tempo [...] (Halliday; Resnick; Walker, 2008, p. 2)

As grandezas fundamentais são força, comprimento e tempo (FLT) ou massa, comprimento e tempo (MTL). Para nossos estudos, utilizaremos FTL como grandezas fundamentais.

Todas as outras grandezas, descritas a partir das três grandezas fundamentais, são chamadas de *grandezas derivadas*. A equação que relaciona uma grandeza derivada às grandezas fundamentais é denominada *equação dimensional*.

Uma vez que trataremos de números adimensionais, torna-se importante entender os conceitos de dimensão e unidades.

Segundo Çengel e Cimbala (2012), dimensão é a medida de uma quantidade física e não apresenta valores numéricos, já a unidade é a forma de atribuir um valor numérico a determinada dimensão. Assim como existem as grandezas fundamentais, existem as dimensões fundamentais, como massa, comprimento, tempo, entre outras.

No tocante às dimensões e suas unidades, devemos destacar que, em qualquer adição ou subtração, os termos devem ter as mesmas dimensões, esse fato chama-se *lei da homogeneidade dimensional*.

A lei da homogeneidade dimensional assegura a adimensionalização das equações e, de acordo com Çengel e Cimbala (2012), garante que cada termo aditivo de uma equação tenha as mesmas dimensões. Um número é adimensional quando não apresenta unidades, ou seja, independe das grandezas fundamentais.

Exemplificando

O número de Reynolds é um número adimensional, isso quer dizer que ele não tem dimensão. A equação que permite determiná-lo é $Re = \dfrac{vD}{\upsilon}$, ou seja, ele é definido como a razão do produto da velocidade pelo diâmetro e pela viscosidade cinemática. Fazendo a equação dimensional de cada elemento componente do número de Reynolds, ou seja, colocando cada termo em função das grandezas fundamentais, como apresentado a seguir, e substituindo na equação do número de Reynolds, obtendo sua equação dimensional, veremos que o resultado é 1, um número sem dimensões e unidades:

$$[v] = \frac{m}{s} = \frac{L}{T}; [D] = L; [\upsilon] = \frac{L^2}{T}$$

$$Re = \frac{LT^{-1}L}{L^2T^{-1}} = F^0L^0T^0 = 1$$

Nas equações dimensionais acima, L simboliza comprimento, T, tempo, e F, força.

Como qualquer potência de expoente 0 é 1, verificamos que o número de Reynolds não tem unidades nem dimensões, ou seja, é um número adimensional.

Antes de falarmos sobre o teorema dos π's vale destacar um conceito base e importante no que se refere à análise dimensional: o princípio da similaridade. Temos três condições para que exista similaridade entre um modelo e seu protótipo. Çengel e Cimbala (2012) denominam essas três condições de *similaridade geométrica*, *similaridade cinemática* e *similaridade dinâmica*.

> Na similaridade geométrica o modelo deve ter a mesma forma do protótipo, mas pode ser escalonado com algum fator de escala constante. A segunda condição é a similaridade cinemática, que significa que a velocidade em determinado ponto de escoamento do modelo pode ser proporcional (por um fator de escala constante) à velocidade no ponto correspondente de escoamento do protótipo. Especificamente, para a similaridade cinemática a velocidade nos pontos correspondentes deve ser proporcional em módulo e deve apontar na mesma direção relativa [...] a similaridade dinâmica é atingida quando todas as forças de escoamento do modelo são proporcionais, por um fator constante, às forças correspondentes de escoamento do protótipo (equivalência de força). (Çengel; Cimbala, 2012, p. 239)

No que se refere a um campo de escoamento só, existe similaridade quando existe similaridade geométrica, cinemática e dinâmica.

Exercício resolvido

O número de Mach é a razão entre a velocidade de escoamento e a velocidade do som, com base nele, podemos determinar se um escoamento é ou não incompressível. No tocante à análise dimensional, podemos dizer que ele é:

a) Um número adimensional que apresenta a mesma unidade de velocidade m/s.

b) Não é um número adimensional por apresentar grandezas fundamentais.

c) Um número adimensional, ou seja, não apresenta dimensões ou unidades.

d) Um número dimensional que apresenta a mesma unidade de velocidade m/s.

e) Nenhuma das alternativas.

Gabarito: c

Resolução: Inicialmente, vamos analisar o número de Mach, suas dimensões e unidades. O número de Mach é dado pela seguinte relação:

$$Ma = \frac{\text{Velocidade de escoamento}}{\text{Velocidade do som}}$$

A velocidade de escoamento, assim como a velocidade do som, é dada de acordo com as grandezas comprimento e tempo:

Velocidade de escoamento = Velocidade do som = $\dfrac{m}{s} = \dfrac{L}{t}$

Dessa forma, o número de Mach é também definido de acordo com as referidas dimensões. Substituindo as equações dimensionais da velocidade do escoamento e do som na expressão do número de Mach, temos:

$$Ma = \dfrac{L/t}{L/t} = 1$$

Concluímos, então, que o número de Mach é um número adimensional, já que não contém unidade.

A técnica que permite realizar análise dimensional é denominada *teorema dos π's*.

Considere um fenômeno físico em análise que depende de *n* variáveis relacionadas por determinada função *f*, como podemos observar nas Equações 6.21 e 6.22.

Equação 6.21

Variáveis: $X_1, X_2, X_3, X_4, X_5, X_6, X_7, ..., X_n$

Equação 6.22

F: $(X_1, X_2, X_3, X_4, X_5, X_6, X_7, ..., X_n) = 0$

Existe outra função que é equivalente à função presente na Equação 6.22 e que tem uma relação com as grandezas do fenômeno que se pretende analisar, tal função é representada na Equação 6.23.

Equação 6.23

$$\phi(\pi_1, \pi_2, ..., \pi_m) = 0$$

Na função $\phi(\pi_1, \pi_2, ..., \pi_m) = 0$, segundo Brunetti (2008):

- Os π são números adimensionais e independentes, eles constroem combinações que são adequadas as n variáveis do fenômeno em estudo;
- A quantidade de números adimensionais (x) presentes na função da Equação 6.23 é a subtração do número de grandezas envolvidas no fenômeno (m) pelo número de grandezas fundamentais envolvidas no fenômeno (m), ou seja, $x = n - m$;
- Obtemos os adimensionais por expressões do seguinte tipo:

Equação 6.24

$$\pi_1 = x_1^{\alpha 1} \cdot x_2^{\alpha 2} ... x_r^{\alpha r} \cdot x_{r+1}$$
$$\pi_1 = x_1^{\beta 1} \cdot x_2^{\beta 2} ... x_r^{\beta r} \cdot x_{r+1}$$
$$..........................$$
$$\pi_m = x_1^{\delta 1} \cdot x_2^{\delta 2} ... x_r^{\delta r} \cdot x_n$$

Se observarmos as expressões utilizadas para obtenção dos números adimensionais, notamos que os primeiros n fatores são iguais, modificando-se apenas o expoente, tais fatores são chamados de *base das grandezas* que envolvem o fenômeno. A técnica dos π's baseia-se em escrever uma equação dimensional de todas as grandezas e selecionar um número n entre elas, de forma que cada um seja diferente do anterior. O último fator de cada número adimensional é formado de cada uma das grandezas que não estão incluídas na base.

Ao utilizar o teorema dos π's, um roteiro como base pode ser útil. De acordo com Brunetti (2008), inicialmente é importante identificar as grandezas que fazem parte e interferem no fenômeno em análise, em seguida, é necessário realizar a equação dimensional das grandezas que influenciam no fenômeno; feito isso, é preciso encontrar o número de números adimensionais independentes utilizando a expressão já mencionada para isso ($x = n - m$); na sequência, a base é escolhida e constroem-se os números adimensionais (π's); por fim, os expoentes são determinados para obtermos a equação equivalente.

Estudamos anteriormente o conceito de perda de carga e suas classificações, vamos nos concentrar agora no estudo mais detalhado da perda de carga distribuída, que é a perda de carga que ocorre ao longo do escoamento devido ao atrito interno do fluido, ou seja, a viscosidade.

6.4 Perda de carga distribuída e localizada

Para determinar como calcular a perda de carga distribuída, utilizaremos os balanços de massa, energia e movimento do fluido. Consideraremos que, no escoamento do fluido em questão, o regime é permanente, o fluido é incompressível, a tubulação é longa e tem geometria cilíndrica, a rugosidade é uniforme e não há máquinas presentes.

Considere uma parte longa de uma tubulação, como apresentado na Figura 6.4. Vamos considerar dois trechos dessa tubulação (1 e 2), sabendo que ambos apresentam o mesmo diâmetro.

Vamos analisar esses trechos da tubulação incialmente levando em consideração a equação da continuidade (Equação 6.25).

Equação 6.25

$$Q_1 = Q_2$$

Logo, de acordo com a equação da continuidade, a quantidade de massa que entra na tubulação é igual a quantidade de massa que sai da tubulação, ou seja, a quantidade de massa no sistema é constante. Uma vez que o escoamento em análise está em regime permanente e incompressível, não há variação da massa específica, então a vazão no trecho 1 é igual a vazão no trecho 2.

Figura 6.4 – Tubulação longa

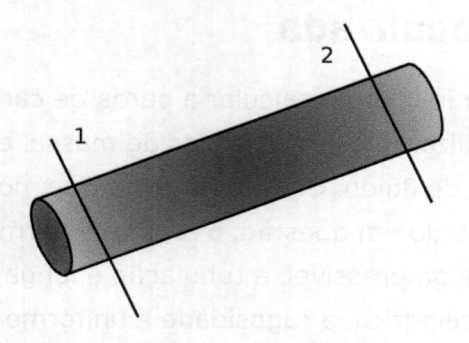

A equação, assim, pode ser reescrita ainda da seguinte forma:

Equação 6.26

$$V_1 A_1 = V_2 A_2$$

Como na tubulação em análise a área dos trechos analisados (1 e 2) é constante, a Equação 6.26 torna-se:

Equação 6.27

$$V_1 = V_2 = V$$

Dessa forma, a velocidade em ambos os trechos é igual. Diante disso, concluímos que, caso os diâmetros dos trechos fossem distintos, devido à mudança de área, a perda de carga se alteraria, uma vez que as velocidades seriam diferentes.

Agora vamos analisar a mesma tubulação em trechos utilizando a equação da energia sem a presença de máquinas (Equação 6.28).

Equação 6.28

$$H_1 = H_2 + H_{p1,2}$$

Levando em consideração as hipóteses consideradas por definição, a altura de energia relativa à perda de carga ($H_{p1,2}$) será em relação apenas à perda de carga distribuída, logo, isolando essa perda de carga na equação, obtemos:

Equação 6.29

$$H_{p1,2} = H_1 - H_2 = \Delta H$$

De acordo com a equação, podemos observar que a variação da energia do trecho 1 ao trecho 2 é igual a perda de carga distribuída do trecho 1 ao trecho 2. Dessa forma, é possível concluir que a perda de carga distribuída entre duas seções de um conduto é igual a diferença entre as cargas totais das duas seções em questão.

Recorde que a altura de energia (o H) é definida como uma parcela de energia cinética, de energia de pressão e de posição (Equação 6.30). Assim, para determinar a perda de carga, necessitamos de alguns parâmetros, como pressão nos trechos. Nesse sentido, esses métodos tornam-se inviáveis, sendo apenas validos para situações nas quais a tubulação já é existente. Para casos em que é necessário projetar tubulações, tal equação não é válida, uma vez que não é possível medir certos parâmetros que ainda não existem.

Equação 6.30

$$H = \frac{\alpha v^2}{2g} + \frac{P}{\Upsilon} + z$$

Uma vez que H é igual as parcelas de energia cinética, de pressão e de posição, a equação de perda de carga distribuída pode ser reescrita da seguinte forma:

Equação 6.31

$$h_{f1,2} = \frac{\alpha_1 v_1^2 - \alpha_2 v_2^2}{2g} + \frac{P_1 - P_2}{\Upsilon} + z_1 - z_2$$

Uma vez que as velocidades nos trechos 1 e 2 são iguais:

Equação 6.32

$$h_{f1,2} = (\frac{P_1}{\Upsilon} + z_1) - (\frac{P_2}{\Upsilon} + z_2)$$

O termo $\left(\frac{P}{\Upsilon} + z\right)$ é denominado *carga piezométrica* (CP). Considere a tubulação presente na Figura 6.5, vamos aplicar a ela a equação da quantidade de movimento.

Figura 6.5 – Tubulação inclinada

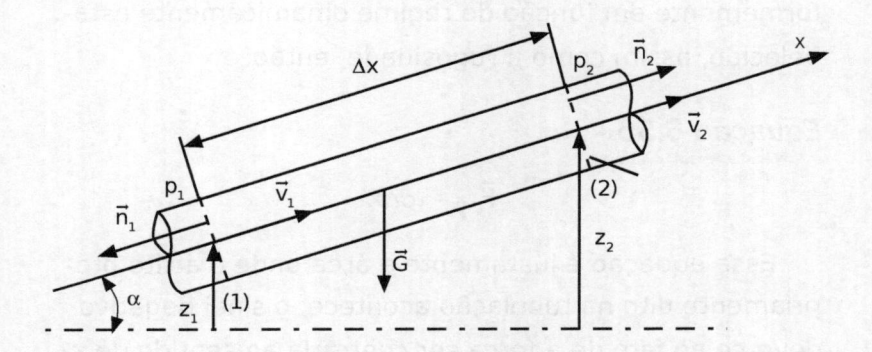

Fonte: Brunetti, 2008, p. 172.

Aplicando a equação da quantidade de movimento na tubulação, obtemos:

Equação 6.33

$$\vec{F}'_s = (p_1 A_1 \vec{n}_1) + (p_2 A_2 \vec{n}_2) + Qm(\vec{v}_2 - \vec{v}_1) - \vec{G}$$

Recorde que $\vec{F}'_s$ é a força exercida sobre o fluido e não a força que o fluido exerce na parede. Projetando os vetores segundo o eixo x do eixo de referência e levando em consideração que $\vec{v}_2 = \vec{v}_1$:

Equação 6.34

$$\vec{F}'_s = -p_1 A_1 + p_2 A_2 + G \operatorname{sen}\alpha$$

Se considerarmos que as tensões são distribuídas uniformemente em função do regime dinamicamente estabelecido, assim como a rugosidade, então:

Equação 6.35

$$\vec{F}_s = -\tau\sigma\Delta x$$

Essa equação é justamente a área onde o atrito propriamente dito na tubulação acontece, o sinal negativo deve-se ao fato de a força ser contrária ao sentido de *x*, pois o atrito é contrário ao movimento. Substituindo a Equação 6.35 na 6.34, obtemos:

Equação 6.36

$$-\tau\sigma\Delta x = -p_1 A_1 + p_2 A_2 + G\operatorname{sen}\alpha$$

Uma vez que as áreas 1 e 2 são iguais e, de acordo com Brunetti (2008), $G = \gamma V = \gamma A \Delta x$, nossa equação torna-se:

Equação 6.37

$$-\tau\sigma\Delta x = (p_2 - p_1)A + \gamma A\Delta x\operatorname{sen}\alpha$$

Se observarmos a Figura 6.5, que apresenta a tubulação em análise, notaremos que $\Delta x\operatorname{sen}\alpha = z_2 - z_1$, dessa forma:

Equação 6.38

$$\tau\sigma\Delta x = (p_1 - p_2)A + \gamma A(z_1 - z_2)$$

Ao dividirmos essa equação por γA:

Equação 6.39

$$\frac{\tau \sigma \Delta x}{\gamma A} = \frac{(p_1 - p_2)A + \gamma A(z_1 - z_2)}{\gamma A}$$

Recorde que quando estudamos o diâmetro hidráulico, ele era definido como $\frac{A}{\sigma}$, assim, a equação torna-se:

Equação 6.40

$$\frac{\tau \Delta x}{\gamma D_H} = \left(\frac{P_1}{\gamma} + Z_1\right) - \left(\frac{P_2}{\gamma} + Z_2\right)$$

Da Equação 6.32, podemos concluir que:

Equação 6.41

$$h_{f_{1,2}} = \frac{4\tau \Delta x}{\gamma D_H} = \left(\frac{P_1}{\gamma} + z_1\right) - \left(\frac{P_2}{\gamma} + z_2\right)$$

Desse modo, concluímos que a perda de carga distribuída é diretamente proporcional ao comprimento (Δx), que simbolizaremos por L, e inversamente proporcional ao diâmetro hidráulico (Brunetti, 2008).

Entretanto, a tensão de cisalhamento na parede do conduto é de difícil determinação, o que torna a Equação 6.41 inviável, motivo pelo qual precisamos de uma forma mais simples para determinar a perda de carga distribuída. Vale ressaltar que toda a discussão sobre a perda de carga e a dedução da Equação 6.41 tiveram o objetivo de facilitar o entendimento e a aplicação da fórmula de perda de carga.

Da discussão anterior obtivemos duas formas para cálculo de perda de carga distribuída, as quais estão presentes nas Equações 6.32 e 6.41, mas, como já discutido, a primeira equação só pode ser utilizada em instalações já existente e na ausência de máquinas no trecho de escoamento, além disso, a perda de carga localizada é desprezada; já a segunda equação é inviável devido à dificuldade no cálculo da tensão de cisalhamento.

Diante disso, com a finalidade de determinar uma forma viável para o cálculo da perda de carga, utilizaremos a análise dimensional, já que ela é uma ferramenta matemática que nos permite obter equações que podem ser utilizadas para prever determinado fenômeno.

6.5 Fórmula para cálculo da perda de carga distribuída

Das equações encontradas para cálculo de perda de carga localizada, podemos observar que ela depende dos seguintes parâmetros: massa específica, velocidade, diâmetro hidráulico, viscosidade do fluido, comprimento do tubo e rugosidade, ou seja:

Equação 6.42

$$h_f = f(\rho, v, D_H, \mu, L, \varepsilon)$$

Lembre que, dentro da mecânica dos fluidos, temos três grandezas fundamentais, de modo que nos restam outras grandezas adimensionais, que são, nesse caso, os π's. De acordo com Brunetti (2008), ao aplicar os conceitos de análise dimensional e utilizar os métodos, chegamos à seguinte equação para o cálculo da perda de carga localizada:

Equação 6.43

$$h_f = f \frac{v^2}{2g} \frac{L}{D_H}$$

Nesse equação, f é o coeficiente de perda de carga distribuída, que é função do número de Reynolds e da razão entre o diâmetro hidráulico e a rugosidade (D_H/e), ou seja, a rugosidade relativa; v é a velocidade, g a aceleração da gravidade, e D_H, o diâmetro hidráulico. De acordo com Livi (2004), essa equação é chamada de *equação de Darcy-Weisbach*.

Veja que o problema em questão agora é a determinação do coeficiente de perda de carga distribuída f, uma vez que todos os outros parâmetros da equação são facilmente encontrados.

Com a intenção de determinar uma função que permitisse descobrir expressão para obter o fator de atrito, Johann Nikuradse (1894-1979) realizou um experimento.

O experimento de Nikuradse consistiu em uma bancada constituída por uma válvula, que permitia o controle da vazão e, consequentemente, o controle da velocidade, além de manômetros que possibilitavam aferir a pressão nas seções 1 e 2. Ele tinha o comprimento do trecho e simulou nele uma rugosidade mediante a inserção de grãos de areia calibrados, ou seja, de tamanhos similares, o que permitiu a simulação de uma rugosidade uniforme.

O referido experimento foi a base para o surgimento do diagrama de Moody, que é utilizado atualmente para condutos industriais. Em seu experimento, Nikuradse foi alterando o diâmetro do tubo e o tipo de fluido, o que permitiu a variação da viscosidade e da massa específica, e fez um levantamento de dados baseado nessas variações. Assim, ele construiu um diagrama (Figura 6.6), no qual, em sua abscissa, tem-se o log (Re) e, no eixo da ordenada, o log (f).

Figura 6.6 – Diagrama de Nikuradse

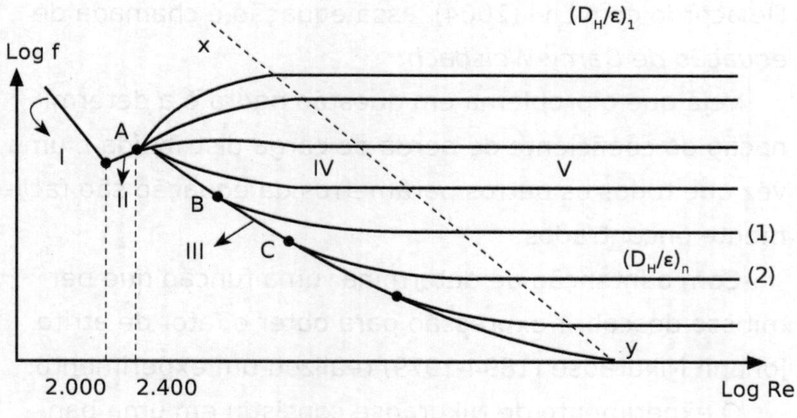

Fonte: Brunetti, 2008, p. 174

Analisando o diagrama, percebemos áreas distintas, ou seja, comportamentos distintos. A região I corresponde ao escoamento laminar e, nessa região, f depende apenas do número de Reynolds, então, não há relação alguma com a rugosidade relativa. De acordo com Brunetti (2008), nesse caso, as forças viscosas são predominantes e, portanto, não são afetadas pela rugosidade da tubulação, assim, $f = \dfrac{Re}{64}$.

Quando pretendemos encontrar o fator de atrito para o caso de um escoamento laminar, não é necessário um gráfico, pois ele será diretamente o número de Reynolds dividido por 64.

A região II trata-se do regime de transição, ou seja, o escoamento não é laminar e também não é turbulento, mesmo que alguns valores de f possam ser determinados pelo referido experimento, o escoamento de transição é complexo e de difícil previsão, logo, é preferível não trabalhar nessa região.

A região III é uma região de escoamento definido, o escoamento turbulento, e o referido experimento constatou que, para essa região, o fator de atrito f também depende apenas do número de Reynolds, como na região I (escoamento laminar). Isso ocorre devido ao chamado *regime hidraulicamente liso* (Re < 2.400), segundo o qual as asperezas da parede não influenciam no fator de atrito.

Na região VI, que fica entre a curva III e as retas x e y, o valor do fator f depende tanto da rugosidade relativa quanto do número de Reynolds. Nessa região, o escoamento é ainda turbulento, mas as asperezas da tubulação agora influenciam no fator de atrito.

Finalmente, na região V, o escoamento é também turbulento, mas note que as linhas dessa região são paralelas ao eixo x, de modo que o fator de atrito é dependente apenas da rugosidade relativa, ou seja, ele deixa de depender do número de Reynolds. Portanto, temos um regime hidraulicamente rugoso.

Sobre esse diagrama, Coimbra (2015, p. 247) afirma:

> No escoamento laminar o fator de atrito é, portanto, a perda de carga [...] e não depende da rugosidade da parede. No escoamento turbulento, para um dado valor de $R/\epsilon a$ existe uma faixa de valores de Re na qual o tubo revestido comporta-se como hidraulicamente liso; por exemplo, quando $R/\epsilon a = 507$ o escoamento no duto artificialmente rugoso comporta-se como escoamento em duto liso [...]. O número de Reynolds de transição entre o escoamento laminar e o turbulento, que é de aproximadamente 2.100, é independente da rugosidade da parede. Esse número de Reynolds de transição é chamado de número de Reynolds crítico [...]. Na região limitada pelas curvas de duto liso e de $Re_r = 70$, o fator de atrito depende tanto do número de Reynolds quanto da rugosidade do tubo.

Colebrook aplicou o experimento de Nikuradse a condutos industriais e percebeu que o comportamento era semelhante. Com base nisso, criou a rugosidade equivalente (K), extinguindo a rugosidade uniforme, uma vez que aquela depende apenas do tipo de material utilizado para a construção do conduto.

Colebrook combinou os dados levantados para os escoamentos de transição e turbulento nos mais diversos tipos de tubos, obtendo uma relação denominada *equação de Colebrook* (Equação 6.44) (Çengel; Cimbala, 2012).

Equação 6.44

$$\frac{1}{\sqrt{f}} = -2 \text{Log}\left(\frac{e/D}{3,7} + \frac{2,51}{\text{Re}\sqrt{f}}\right)$$

Seguidamente, conforme explicam Çengel e Cimbala (2012, p. 295),

> O engenheiro norte-americano Hunter Rouse (1906-1996) confirmou a equação de Colebrook e produziu um gráfico de f como função de Re e do produto Re$\sqrt{f}$. Ele também apresentou a relação do escoamento laminar em uma tabela de rugosidade do tubo comercial. Dois anos mais tarde, Lewis F. Moody (1880-1953) recriou o diagrama de Rouse na forma que é usado hoje [...]. Ele

apresenta o fator de atrito de Dracy para escoamento de tubo como uma função do número de Reynolds e de ϵ/D em um amplo intervalo. Provavelmente é um dos diagramas mais aceitos e mais usados.

Como mencionado, em tubos industriais, a rugosidade não é uniforme, como podemos observar na tabela a seguir e no diagrama de Moody (Figura 6.7). Vale salientar, porém, que tais valores são referentes a tubos comerciais novos (Çengel; Cimbala, 2012).

Tabela 6.1 – Rugosidade equivalente em tubos comerciais novos

Material	Rugosidade (mm)
Vidro, plástico, concreto	0,9-9
Bastão de madeira	0,5
Borracha uniformizada	0,01
Tubulação de cobre ou latão	0,0015
Ferro fundido	0,26
Ferro galvanizado	0,15
Ferro forjado	0,046
Aço inoxidável	0,002
Aço comercial	0,045

Fonte: Çengel; Cimbala, 2012, p. 295.

Figura 6.7 – Diagrama de Moody

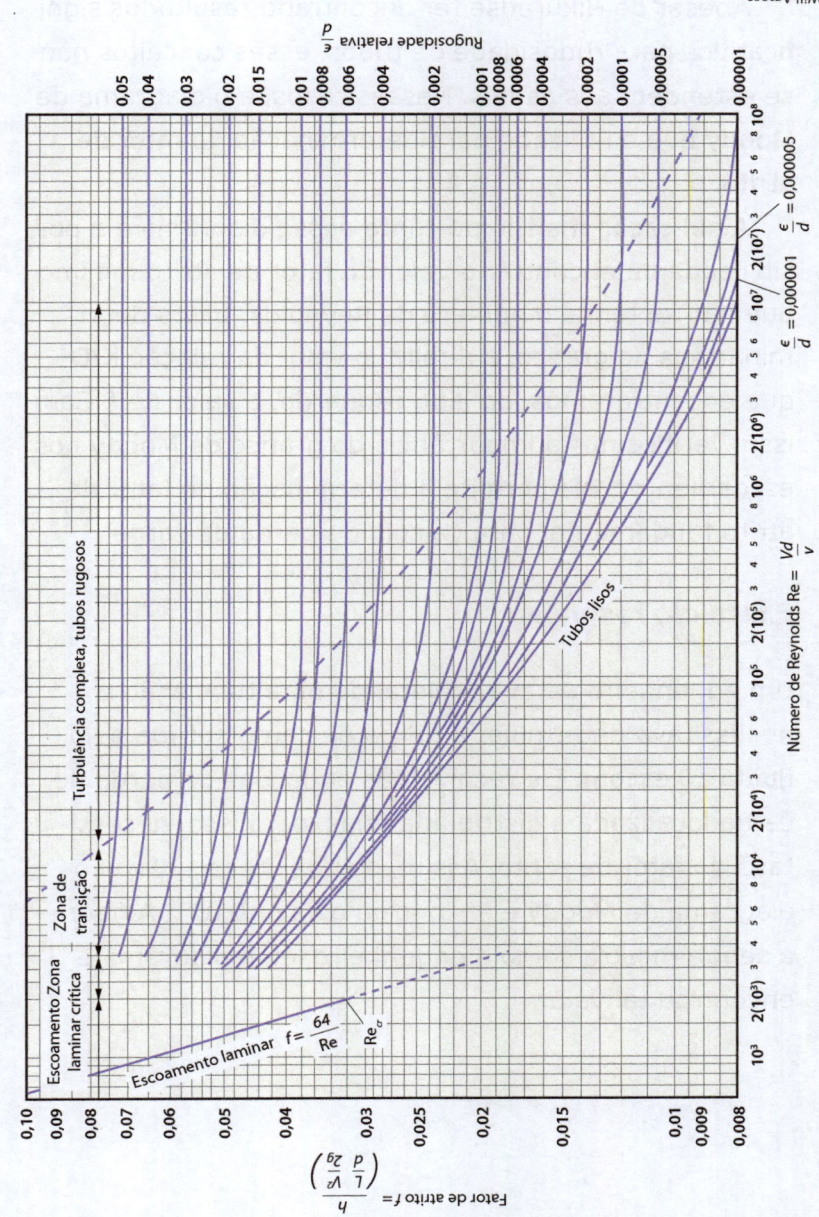

Fonte: White, 2011, p. 783.

Apesar de Nikuradse ter encontrado resultados significativos para rugosidade de tubos, esses conceitos não se estendem aos canais. Nesses casos, é o diagrama de Moody que é utilizado para determinação do fator de atrito.

A aplicação mais importante desse diagrama é a possibilidade de encontrar o valor do fator de atrito mesmo que não se tenha o número de Reynolds; basta determinarmos no gráfico, à direita, o valor da relação K/D que encontraremos, do lado esquerdo, o valor de f. Com isso, verificamos a importância do gráfico de Moody nos escoamentos: ele permite a determinação do fator de atrito fundamental para cálculo de perda de carga.

Exercício resolvido

Um engenheiro estava projetando uma tubulação e necessitava determinar a perda de carga sofrida pelo fluido ao escoar. Ele recorreu às equações de perda de carga localizada e distribuída, mas, para isso, necessitava do fator de atrito. Assim, o engenheiro utilizou o diagrama de Moody e encontrou o valor 0,021. A figura a seguir mostra como o engenheiro leu o diagrama e encontrou tal valor.

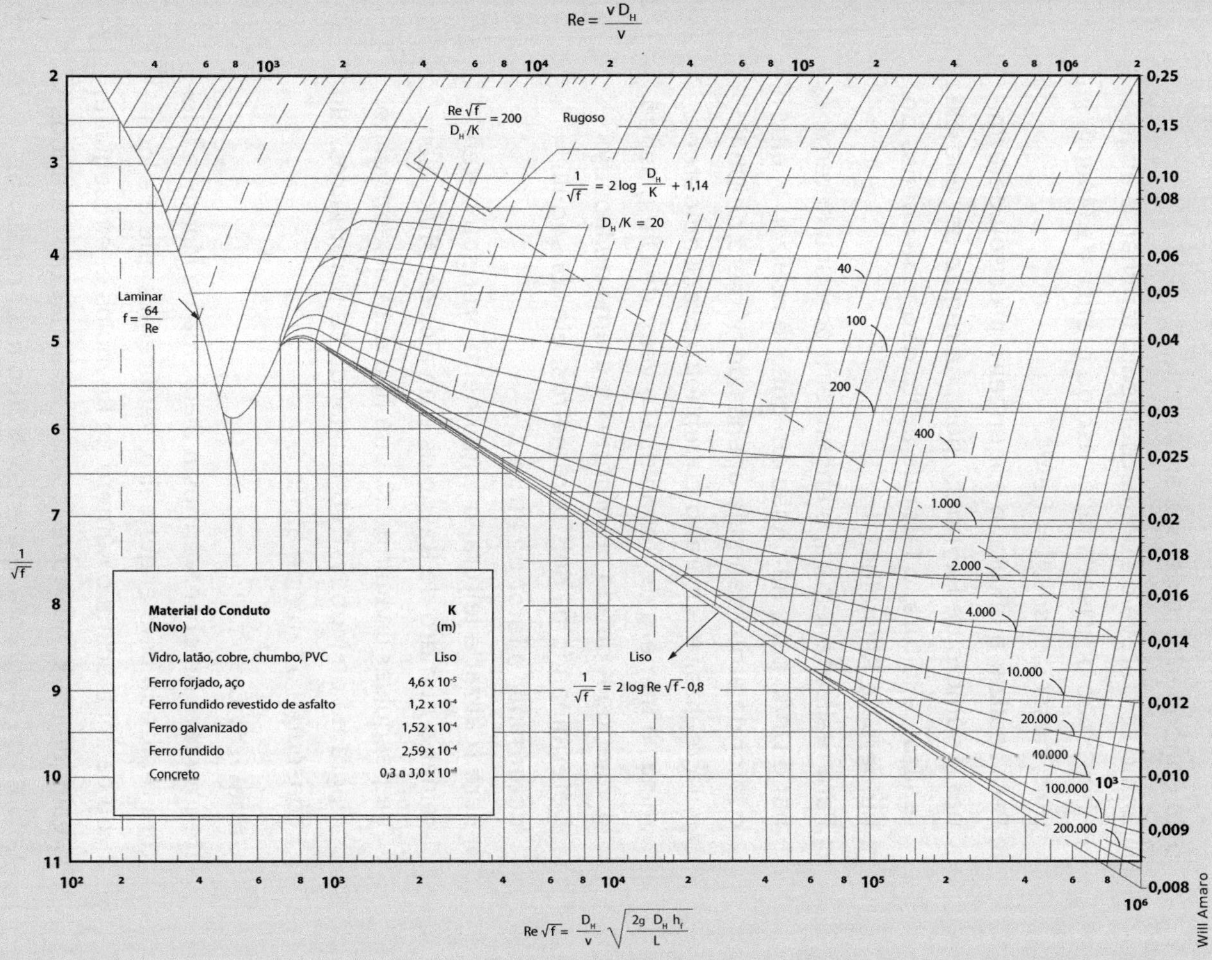
$Re = \frac{v D_H}{\nu}$
$\frac{Re\sqrt{f}}{D_H/K} = 200$
Rugoso
$\frac{1}{\sqrt{f}} = 2 \log \frac{D_H}{K} + 1,14$
$D_H/K = 20$
Laminar
$f = \frac{64}{Re}$
40
100
200
400
1.000
2.000
4.000
10.000
20.000
40.000
100.000
200.000
10^3
Liso
$\frac{1}{\sqrt{f}} = 2 \log Re\sqrt{f} - 0,8$
$\frac{1}{\sqrt{f}}$
$Re\sqrt{f} = \frac{D_H}{\nu}\sqrt{\frac{2g\, D_H\, h_f}{L}}$
0,25
0,15
0,10
0,08
0,06
0,05
0,04
0,03
0,025
0,02
0,018
0,016
0,014
0,012
0,010
0,009
0,008
Material do Conduto (Novo) | K (m)
Vidro, latão, cobre, chumbo, PVC | Liso
Ferro forjado, aço | $4,6 \times 10^{-5}$
Ferro fundido revestido de asfalto | $1,2 \times 10^{-4}$
Ferro galvanizado | $1,52 \times 10^{-4}$
Ferro fundido | $2,59 \times 10^{-4}$
Concreto | $0,3$ a $3,0 \times 10^{-3}$

A respeito do diagrama de Moody e da leitura realizada pelo engenheiro, podemos afirmar:

a) Como se tratava de um escoamento laminar, o engenheiro não precisava fazer uso do gráfico de Moody, pois, nesses casos, f = Re/64.
b) Para realizar a leitura, o engenheiro precisou determinar o número de Reynolds, pois, na região em que ele realizou a leitura, o fator de atrito depende apenas do número de Reynolds.
c) Para realizar a leitura, o engenheiro precisou determinar o Dh/k, pois, na região em que ele realizou a leitura, o fator de atrito depende apenas do número de Dh/K.
d) Para realizar a leitura, o engenheiro precisou determinar o número de Reynolds e o valor de Dh/k, sendo o valor de K obtido no próprio diagrama de Moody. Determinando os dois parâmetros, ele conseguiu determinar o fator de atrito *f*.
e) Para realizar a leitura, o engenheiro precisou determinar o número de Reynolds e o valor de Dh/k, além de pesquisar o valor de K, que não está disponível no diagrama de Moody. Determinando os parâmetros, ele conseguiu o fator de atrito *f*.

Gabarito: d

Resolução: Ao observarmos o diagrama de Moody e a leitura realizada pelo engenheiro, verificamos que ele localizou na linha acima o número de Reynolds e, em seguida, o valor de Dh/k. Ao interseccionar as linhas dos referidos valores no diagrama, ele encontrou o fator de atrito.

Portanto, antes de utilizar o diagrama, o engenheiro precisou determinar os valores do número de Reynolds e de Dh/k.

Observe que o diagrama de Moody dispõem dos valores de K de acordo com o material da tubulação. Concluímos, então, que o fator de atrito depende tanto do número de Reynods quanto da rugosidade relativa para a referida região do diagrama e que, de acordo com o próprio diagrama, o escoamento em questão não é laminar.

O outro tipo de perda de carga estudado foi a perda de carga localizada, vamos também aprender a determinar esse tipo de perda no escoamento de fluidos.

6.6 Perda de carga localizada

De acordo com Vilanova (2011), a perda de carga localizada deve-se a componentes e geometrias presentes no trecho do escoamento e que não sejam um trecho reto. Por exemplo, um trecho de tubulação que apresenta uma válvula, ao fluido passar por ela, assim como qualquer outro componente que esteja presente no trecho do escoamento, causa no fluido dificuldades, obrigando-o a realizar mudanças na direção do fluxo de escoamento.

Assim como a perda de carga distribuída, a perda de carga localizada é também determinada pelas expressões obtidas por análise dimensional. Existem dois métodos distintos para determinar as perdas de carga localizadas: (1) o método do comprimento equivalente e (2) o método do coeficiente de forma.

As perdas de carga singular são funções da velocidade, massa específica, viscosidade cinemática e das grandezas geométricas da singularidade, assim, para cada tipo de forma, temos um coeficiente Ks para o tipo de singularidade existente em um trecho do escoamento.

Para entendermos melhor o método do coeficiente de forma, vamos considerar um trecho de escoamento que apresenta um alargamento, ou seja, uma mudança de diâmetro, como mostra a Figura 6.8.

Figura 6.8 – Trecho de escoamento com alargamento

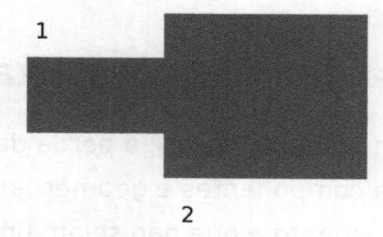

Considerando o escoamento no trecho presente na figura, um escoamento permanente e incompressível, a massa específica é constante, assim como a vazão, mas, uma vez que a velocidade do escoamento depende da área, no trecho 1, a velocidade é maior em relação ao trecho 2, de modo que, de acordo com Brunetti (2008):

Equação 6.45

$$\frac{h_s}{v^2/2g} = \phi(Re, coeficiente\_admensional\_de\_forma)$$

Podemos dizer, então, que o valor numérico da função é indicado por Ks (coeficiente de perda de carga singular), que depende da forma da singularidade. Para nosso exemplo da Figura 6.8, a perda de carga localizada é:

Equação 6.46

$$h_s = K_s \frac{v^2}{2g}$$

Os valores de Ks são determinados pelos manuais de hidráulica de fabricante, conseguidos experimentalmente.

Outro método utilizado além do fator de forma é o método do comprimento equivalente. Nesse método, a perda de carga singular é transformada em uma perda de carga distribuída, assim como explica Vilanova (2011), ao afirmar que cada componente presente no trecho da tubulação que não seja reto, oferece uma perda de carga que equivale a determinado comprimento reto da tubulação e, consequentemente, a uma perda de carga distribuída. Dessa forma, o efeito passa a ser o mesmo que o aumento da tubulação de uma quantidade igual ao comprimento equivalente do componente. Vale salientar que o fabricante disponibiliza a perda de carga equivalente e/ou o coeficiente de forma, bem como existem várias tabelas de hidráulica que também disponibilizam tais valores.

Assim, a expressão para determinar a perda de carga localizada pelo método do comprimento equivalente é:

Equação 6.47

$$h_s = f \frac{v^2}{2g} \frac{L_{eq}}{D_H}$$

Note que precisamos também do fator de atrito f, e L_{eq} é justamente o comprimento equivalente.

Exercício resolvido

Observe a tubulação a seguir:

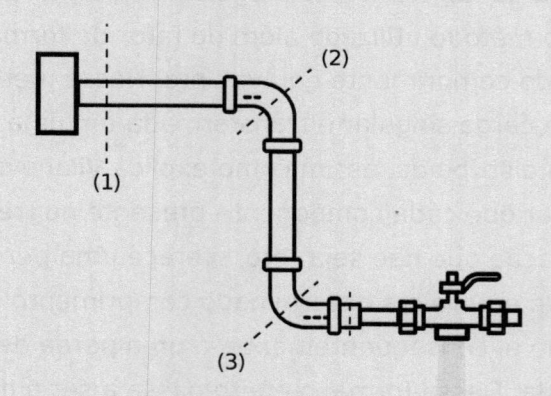

Fonte: Elaborado com base em Brunetti, 2008.

Sabendo que: a velocidade de escoamento é de 3 m/s; o fator de atrito é igual a 0,035; as curvas 2 e 3 são curvas 90° raio normal rosqueadas, que apresentam comprimento equivalente igual a 1,5; a válvula presente no ponto 5 é uma válvula gaveta totalmente aberta que apresenta tamanho equivalente igual a 0,15; e o diâmetro hidráulico Dh é igual a $5 \cdot 10^{-2}$, podemos afirmar:

a) Temos perda de carga distribuída apenas no trecho 1-2 da tubulação.
b) A perda de carga distribuída é igual a $5{,}192 \cdot 10^{-5}$.
c) A perda de carga localizada é igual a $5{,}192 \cdot 10^{-5}$.
d) A perda de carga total é igual a $5{,}192 \cdot 10^{-5}$.
e) Nenhuma das alternativas.

Gabarito: c

Resolução: A perda de carga localizada deve-se aos componentes presentes no trecho do escoamento, no referido escoamento, temos três componentes: duas curvas 90° raio normal rosqueadas e uma válvula gaveta totalmente aberta. Portanto, a perda de carga localizada total será a soma da perda de carga referente a esses três componentes. Podemos determinar a perda de carga localizada segundo a seguinte expressão:

$$h_s = f \frac{v^2}{2g} \frac{L_{eq}}{D_H}$$

Dessa forma, temos:
- Perda de carga referente às curvas:

$$h_s = 0{,}035 \frac{(3)^2}{2(10)} \frac{1{,}5}{5 \cdot 10^{-2}} = 4{,}72 \cdot 10^{-5}$$

Uma vez que são duas curvas, a perda de carga é referente a ambas:

$$4,72 \cdot 10^{-5} \cdot 2 = 9,44 \cdot 10^{-5}$$

- Perda de carga referente à válvula gaveta totalmente aberta:

$$h_s = 0,035 \frac{(3)^2}{2(10)} \frac{0,15}{5 \cdot 10^{-2}} = 4,72 \cdot 10^{-6}$$

Logo, a perda de carga localizada total é:

$$4,72 \cdot 10^{-5} + 0,472 \cdot 10^{-5} = 5,192 \cdot 10^{-5} \text{ m}$$

Estudo de caso

O presente estudo de caso aborda um problema de dimensionamento de bombas para certo sistema. Por meio dele, poderemos notar que assuntos como perda de carga, vazão, material de tubulação são abordados em conjunto, bem como verificar que, na prática, o uso de equações difere da teoria, apresentando tabelas e fatores de correção que facilitam os cálculos práticos de projetos.

Devido à escassez de água na região onde Rodrigo habita, ele decide construir uma caixa-d'água na parte superior de sua casa, objetivando armazenar água ao longo dos meses.

No entanto, como não chega água encanada regularmente, a caixa não permaneceria cheia o suficiente até a próxima demanda. Procurando outra solução, Rodrigo decide fazer também um poço próximo a sua localidade.

Para facilitar, ele decide, ainda, construir um sistema de abastecimento que o permitisse transportar a água do poço até sua caixa-d'água. Ao fazer o levantamento dos materiais necessários, ele verifica que precisa de uma bomba e que uma tubulação de 20 metros já é suficiente.

Chegando à loja para comprar a bomba, Rodrigo informa seu objetivo ao atendente e lhe pede ajuda para selecionar o equipamento mais adequado.

O atendente, por sua vez, informa que vai dimensionar uma bomba adequada para o sistema que Rodrigo deseja, mas que, para isso, precisa de algumas informações: a diferença entre a superfície da água do poço e a bomba de sucção (altura de sucção); a diferença de altura entre a bomba e o ponto mais alto da instalação, isto é, a caixa-d'água (altura de recalque); a distância da válvula de sucção até a caixa-d'água (comprimento total da tubulação); o diâmetro e o material da tubulação; a velocidade com a qual Rodrigo deseja abastecer totalmente sua caixa-d'água (vazão de água); e a capacidade da caixa-d'água. Rodrigo, então, fornece ao atendente os seguintes dados:

- Altura de sucção – 3 metros;
- Altura de recalque – 10 metros;
- Comprimento total da tubulação – 20 metros;
- Diâmetro da tubulação – 32 milímetros;
- Material da tubulação – PVC;
- Vazão de água – 30 minutos;
- Capacidade da caixa-d'água – 1.000 litros.

O atendente agradece e avisa que vai dimensionar a bomba de Rodrigo conforme as especificações.

Como o atendente deve proceder para realizar o dimensionamento da bomba de Rodrigo?

Resolução

Vamos supor que o atendente escolha utilizar uma bomba centrífuga residencial. Para dimensioná-la e escolhê-la corretamente, ele necessita realizar o cálculo de sua altura manométrica total, que é o trabalho realizado por ela, o que pode ser determinado pela seguinte equação:

$$H = (AS + AR + PC) + 5\%$$

Em que *AS* é a altura de sucção, *AR*, a altura de recalque, e *PC*, a perda de carga distribuída; os 5% referem-se à perda de carga distribuída, ou seja, acessórios presentes na tubulação.

A altura de sucção é o desnível, ou seja, a diferença de altura entre o nível da água e a bomba, já a altura de recalque é o desnível entre a bomba até a caixa-d'água. Essas informações foram disponibilizadas por Rodrigo: AS = 3 m e AR = 10 m. Portanto, resta ao atendente determinar a perda de carga (PC), que é obtida de acordo com o comprimento da tubulação.

A perda de carga nesse caso é determinada pelo produto entre o comprimento da tubulação e o fator de perda de carga.

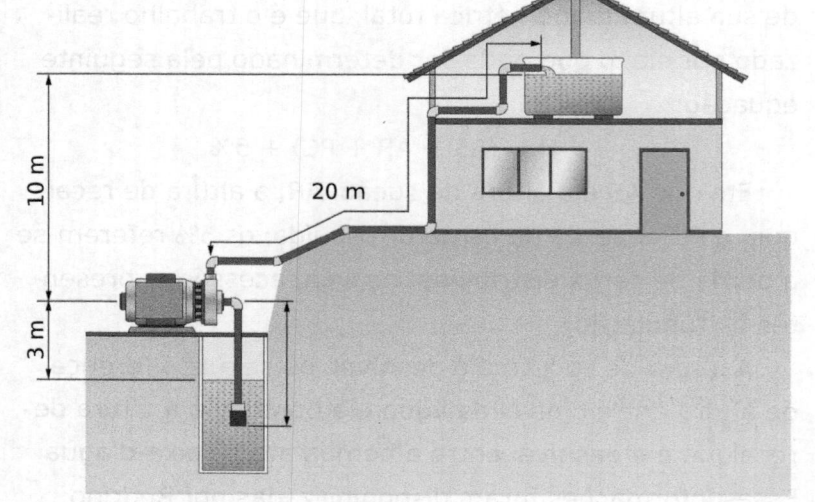

Nos casos práticos, o fator de perda de carga é determinado pela tabela do próprio fabricante de bombas, tais tabelas relacionam vazão com diâmetro da tubulação e material da mesma, como a tabela a seguir retirada do manual de um fornecedor de bombas.

Vazão m³/h	PVC	F°F°	PVC	F°F°	PVC	F°F°	PVC	F°F°
	3/4"		1"		1 1/4"		1 1/2"	
0,5	1,5	1,3	0,5	0,4	0,1	0,1	0,1	0,1
1,0	4,9	4,8	1,6	1,6	0,4	0,4	0,2	0,2
1,5	10,0	10,1	3,3	3,4	0,9	0,9	0,5	0,4
2,0	16,5	17,2	5,4	5,8	1,4	1,5	0,8	0,7
2,5	24,4	26,1	8,0	8,8	2,1	2,3	1,2	1,1
3,0	33,6	36,5	11,0	12,3	2,9	3,2	1,6	1,5
3,5	44,0	48,6	14,4	16,4	3,8	4,2	2,1	2,0
4,0	55,6	62,6	18,2	21,0	4,8	5,4	2,7	2,6
4,5	68,3	77,3	22,3	26,1	6,0	6,7	3,3	3,2
5,0	82,2	94,0	26,8	31,7	7,2	8,1	4,0	3,9
5,5	97,1		31,7	37,8	8,5	9,7	4,7	4,6
6,0			36,9	44,4	9,9	11,4	5,4	5,4
6,5			42,5	51,5	11,3	13,2	6,3	6,3
7,0			48,4	59,1	12,9	15,2	7,1	7,2
7,5			54,6	67,1	14,6	17,2	8,0	8,2
8,0			61,1	75,6	16,3	19,4	9,0	9,2
8,5			67,9	84,6	18,1	21,7	10,0	10,3
9,0			75,1	94,0	20,0	24,1	11,1	11,5
9,5			82,5		22,0	26,7	12,2	12,7
10			90,3		24,1	29,3	13,3	13,9

Fonte: Franklin Electric Indústria de Motobombas S.A, 2022.

O atendente já sabe que a tubulação é de PVC e tem diâmetro de 32 mm, que equivale a 1". Porém, ele precisa determinar a vazão. O atendente pensou da seguinte forma: para encher uma caixa de 1.000 litros em uma hora, será necessário 1 m³/h, uma vez que Rodrigo deseja encher a caixa em meia hora, será necessário o dobro dessa vazão, ou seja, 2 m²/h.

Relacionando a perda de carga para tubulação, a vazão calculada, com o diâmetro e o material da tubulação, encontramos um fator de perda de carga igual a 5,4, como podemos observar na tabela. Logo, a perda de carga será o fator de atrito 5,4 multiplicado pelo comprimento da tubulação, que é 20 metros, então:

PC = 5,4% × 20 = 1,08 mca

Aplicando os valores encontrados na equação para determinar o trabalho realizado pela bomba:

H = (3 + 10 + 1,08) + 5%

H = 14,58 + 5% = 14,78

H é aproximadamente igual a 15 mca, sendo mca *metros de coluna de água*. Essa é a pressão necessária para bombear água do poço de Rodrigo até sua caixa-d'água. Diante do valor de 15 mca e da vazão 2 m³/h, o atendente pode escolher uma bomba adequada para o sistema de Rodrigo em seu catálogo.

Dica 1

O conjunto de vídeos a seguir explica detalhadamente como dimensionar uma bomba centrífuga. Neles é

possível observar os vários assuntos da mecânica dos fluidos abordados.
https://www.youtube.com/watch?v=SN_8f7Tvwuc
https://www.youtube.com/watch?v=1Ii6MOkOjA8
https://www.youtube.com/watch?v=xIM8S2wZjdM
https://www.youtube.com/watch?v=-8eKHnQQDTw

Dica 2

No estudo de caso em questão, a perda de carga foi determinada pelo produto entre o comprimento da tubulação e um coeficiente de perda de carga encontrado na tabela do fabricante, mas, por vezes, podemos recorrer ao diagrama de Moody para cálculo de perda de carga e fator de atrito. Dessa forma, saber ler tal diagrama é bastante importante. O gráfico pode parecer complicado, mas sua leitura é simples e descomplicada, como você pode verificar assistindo ao vídeo a seguir.
https://www.youtube.com/watch?v=K3EpLD9Y4s4

Dica 3

No referido estudo de caso, o atendente obtinha todas as informações e necessitou apenas realizar o dimensionamento da bomba. Em muitos casos envolvendo mecânica dos fluidos, porém, é necessário o dimensionamento de tubulações, o vídeo a seguir ensina como proceder nesses casos.
https://www.youtube.com/watch?v=I3divxwWRO0

Fonte: Elaborado com base em Martins, 2017.

Considerações finais

O estudo dos fluidos, suas propriedades e seu comportamento é de extrema importância, uma vez que eles estão constantemente presentes em nosso cotidiano.

Buscando superar os desafios da transmissão do conhecimento proposto nesta obra, optamos por referenciar uma parcela significativa da literatura especializada e dos estudos científicos a respeito dos temas abordados. Além disso, indicamos outras leituras para enriquecer o processo de construção de conhecimentos aqui almejado e procuramos oferecer aportes práticos sobre a mecânica dos fluídos.

Esperamos que esta obra possa servir como uma introdução a seus estudos e desperte seu interesse pelo tema, motivando-o a buscar constantemente novos conhecimentos.

Referências

ALÉ, J. A. V. **Mecânica dos fluidos**: curso básico. Porto Alegre: PUCRS, 2011. Disponível em: <http://paginapessoal.utfpr.edu.br/fandrade/teaching/files/apostila_mec_flu_PUCRS.pdf>. Acesso em: 21 nov. 2011.

BEHRING, J. L. et al. Adaptação no método do peso da gota para determinação da tensão superficial: um método simplificado para a quantificação da CMC de surfactantes no ensino da química. **Química Nova**, v. 27, n. 3, p. 492-495, jun. 2004. Disponível em: <https://www.scielo.br/j/qn/a/hsFKFLzBbZyXpgYKCK496Qz/?lang=pt#>. Acesso em: 10 nov. 2022.

BROWN, T. L. et al. **Química**: a ciência central. Tradução de Robson Mendes Matos. 9. ed. São Paulo: Pearson Prentice Hall, 2005.

BRUNETTI, F. **Mecânica dos fluidos**. 2. ed. rev. São Paulo: Pearson Prentice Hall, 2008.

ÇENGEL, Y. A.; CIMBALA, J. M. **Mecânica dos fluidos**: fundamentos e aplicações. Tradução de Katia Aparecida Roque e Mario Moro Fecchio. Porto Alegre: AMGH, 2012.

COIMBRA, A. L. **Mecânica dos fluidos**. Rio de Janeiro: E-papers, 2015.

DURÁN, J. E. R. **Biofísica**: fundamentos e aplicações. São Paulo: Prentice Hall, 2003.

FOX, R. W.; PRITCHARD, P. J.; MCDONALD, A. T. **Introdução à mecânica dos fluidos**. Tradução de Ricardo Nicolau Nassar Koury e Luiz Machado. 7. ed. Rio de Janeiro: LTC, 2010.

FRANCISCO, A. S. **Fenômenos de transporte**. Rio de Janeiro: Fundação Cecierj, 2018. Disponível em: <https://canal.cecierj.edu.br/042019/ce044dd64446cdb76b93a11edfd9c2d3.pdf>. Acesso em: 10 nov. 2022.

FRANKLIN ELECTRIC INDÚSTRIA DE MOTOBOMBAS S.A. **Biblioteca**. Disponível em: <https://schneider.ind.br/mais/recursosdownloads/biblioteca/>. Acesso em: 10 nov. 2022.

HALLIDAY, D.; RESNICK, R.; WALKER, J. **Fundamentos de física**: mecânica. Tradução de Ronaldo Sérgio de Biasi. 8. ed. Rio de Janeiro: LTC, 2008. v. 1.

LIVI, C. P. **Fundamentos de fenômenos de transporte**: um texto para cursos básicos. Rio de Janeiro: LTC, 2004.

LOBO, M. T. **Cavitação**: dor de cabeça aos fabricantes de motores diesel. Portal Lubes, 1º ago. 2017. Disponível em: <https://portallubes.com.br/2017/08/cavitacao-em-motores-diesel/>. Acesso em: 10 nov. 2022.

LOXAM DEGRAUS. **Entenda o funcionamento de uma bomba centrífuga**. 29 abr. 2019. Disponível em: <https://degraus.com.br/entenda-o-funcionamento-de-uma-bomba-centrifuga/>. Acesso em: 10 nov. 2022.

MARTINS, I. B. V. **Sistema de motobomba com alimentação fotovoltaica**. 47 p. Trabalho de conclusão de curso (Graduação em Engenharia Elétrica) – Universidade Federal do Rio de Janeiro, Rio de Janeiro, 2017. Disponível em: <http://repositorio.poli.ufrj.br/monografias/monopoli10021970.pdf>. Acesso em: 10 nov. 2022.

MEIRA, D. P. G. **Fenômenos de transporte**: NP2. Distrito Federal: Uniplan, 2018. Apostila Engenharia Civil. Disponível em: <https://engenhariauniplan.files.wordpress.com/2018/02/fenc3b4menos-de-transporte-np2.pdf>. Acesso em: 10 nov. 2022.

MOREIRA, J. R. S. **Aplicações da termodinâmica**: notas de aula de PME3240 – termodinâmica I. São Paulo: Laboratório de sistemas energéticos alternativos, 2017. Disponível em: <http://www.usp.br/sisea/wp-content/uploads/2017/05/apostila_atualizada_parte-1-final.pdf>. Acesso em: 10 nov. 2022.

MUNSON, B. R. et al. **Fundamentals of Fluid Mechanics**. 7. ed. New Jersey: John Wiley & Sons, 2012.

NUSSENZVEIG, H. M. **Curso de física básica 2**: fluidos, oscilações e ondas, calor. 5. ed. rev. e ampl. São Paulo: Blucher, 2018.

ROSA, P. R. da S. **Curso de física básica**. Campo Grande: UFMS, 2009. v. 1. Disponível em: <http://paulorosa.docente.ufms.br/FisicaBasicaVol_I.pdf>. Acesso em: 10 nov. 2022.

SANTOS, R. C. L. dos. **Análise de cavitação em uma turbina hidráulica do tipo Kaplan**. 74 p. Trabalho de conclusão de curso (Graduação em Engenharia Mecânica) – Universidade Federal do Rio de Janeiro, Rio de Janeiro, 2013. Disponível em: <https://pantheon.ufrj.br/handle/11422/11545>. Acesso em: 10 nov. 2022.

SILVA, G. C.; OLIVEIRA, M. G. **Dimensionamento de queimador de óleo lubrificante usado**. 86 p. Trabalho de conclusão de curso (Graduação em Engenharia Mecânica) – Universidade Federal do Espírito Santo, Vitória, 2005. Disponível em: <https://docplayer.com.br/80327819-Dimensionamento-de-queimador-de-oleo-lubrificante-usado.html>. Acesso em: 10 nov. 2022.

VIEIRA, E. D. R.; SIMONETTI, M. L.; MANSUR, S. S. Experimento didático para visualização da cavitação. In: CONGRESSO BRASILEIRO DE EDUCAÇÃO EM ENGENHARIA, 27., Natal, 1999. **Anais...** Brasília: Abenge, 1999. p. 2032-2038.

VILANOVA, L. C. **Mecânica dos fluidos**. 3. ed. Santa Maria: Colégio Técnico Industrial de Santa Maria, 2011. Disponível em: <https://www.bibliotecaagptea.org.br/agricultura/irrigacao/livros/MECANICA%20DOS%20FLUIDOS.pdf>. Acesso em: 10 nov. 2022.

WHITE, F. M. **Fluid Mechanics**. 7. ed. New York: McGraw-Hill, 2011.

Bibliografia comentada

BRUNETTI, F. **Mecânica dos fluidos**. 2. ed. rev. São Paulo: Pearson Prentice Hall, 2008.

A obra apresenta todo o assunto relacionado aos fluidos e a seu escoamento e comportamento de forma direta e didática. Nela você pode absorver conceitos sobre fluidos, suas leis e equações, como as equações de balanços de massa, quantidade de movimento e de energia. A obra ainda conta com vários exercícios resolvidos e sugeridos para a prática do conteúdo abordado.

ÇENGEL, Y. A.; CIMBALA, J. M. **Mecânica dos fluidos**: fundamentos e aplicações. Tradução de Katia Aparecida Roque e Mario Moro Fecchio. Porto Alegre: AMGH, 2012.

A obra aborda todo o conteúdo que envolve os fluidos, seu comportamento e suas leis de forma bastante detalhada e didática. Conta com ilustrações e exemplos práticos que permitem ao leitor absorver melhor o conteúdo e visualizar como cada tema, equação e assunto se encaixa no dia a dia em projetos práticos e industriais.

FOX, R. W.; PRITCHARD, P. J.; MCDONALD, A. T. **Introdução à mecânica dos fluidos**. Tradução de Ricardo Nicolau Nassar Koury e Luiz Machado. 7. ed. Rio de Janeiro: LTC, 2010.

Obra de referência na mecânica dos fluidos, aborda detalhadamente todo o conteúdo dessa disciplina. As equações que regem a mecânica dos fluidos são descritas tanto em sua forma integral quanto em sua forma diferencial, inclusive com o detalhamento de como chegar a cada uma delas.

FRANCISCO, A. S. **Fenômenos de transporte**. Rio de Janeiro: Fundação Cecierj, 2018. Disponível em: <https://canal.cecierj.edu.br/042019/ce044dd64446cdb76b93a11edfd9c2d3.pdf>. Acesso em: 10 nov. 2022.

A obra aborda de maneira resumida e clara o conceito de fluidos, como eles se comportam, bem como suas leis e equações. Conta também com atividades voltadas a cada tema. É uma leitura ideal para quem procura entender mais da disciplina de forma rápida e resumida.

Sobre a autora

Jacyelli Cardoso Marinho dos Santos é doutoranda, mestre e bacharel em Engenheira Química pela Universidade Federal de Campina Grande (UFCG). Atua como docente em diferentes instituições, nas mais diversas disciplinas ligadas à área de exatas nos níveis fundamental, técnico e superior. Durante a graduação, participou de atividades extracurriculares, sendo consultora e diretora administrativa na Empresa Júnior Multi Engenharia, trabalhando não somente com engenharia química plena, mas também de forma multidisciplinar em conjunto com os cursos de Engenharia Mecânica e Engenharia de Produção, o que lhe possibilitou adquirir experiência nas mais diversas áreas. Tem trabalhos acadêmicos aprovados na forma de capítulo de livro e nos mais diversos eventos regionais, nacionais e internacionais.

Os papéis utilizados neste livro, certificados por instituições ambientais competentes, são recicláveis, provenientes de fontes renováveis e, portanto, um meio **respons**ável e natural de informação e conhecimento.

Impressão: Reproset
Fevereiro/2023